工业和信息化高职高专“十三五”规划教材立项项目
高等职业院校信息技术应用“十三五”规划教材

Technical And Vocational Education
高职高专计算机系列

大学计算机基础实训教程

郭健 ◎ 主编
陈少英 叶质刚 谢世煊 张志杰 ◎ 副主编

人民邮电出版社
北京

图书在版编目（CIP）数据

大学计算机基础实训教程 / 郭健主编. -- 北京 : 人民邮电出版社, 2017.1(2019.3重印)
高等职业院校信息技术应用“十三五”规划教材
ISBN 978-7-115-44232-1

Ⅰ. ①大… Ⅱ. ①郭… Ⅲ. ①电子计算机－高等职业教育－教材 Ⅳ. ①TP3

中国版本图书馆CIP数据核字(2016)第285118号

内 容 提 要

本书为《大学计算机基础教程》的配套实训教材。全书共 5 章内容，第 1 章介绍了开启/关闭计算机的方法及指法练习，第 2 章介绍了 Windows 的基本操作，第 3~5 章主要介绍了办公自动化基本知识，以及常用办公自动化软件 Office 2010 中文字处理软件、电子表格处理软件和演示文稿软件的使用。

本书各章均有理论练习题与实践操作题，可作为高等职业院校计算机文化基础课教材，也可作为广大计算机爱好者的参考资料。

◆ 主　　编　郭　健
副 主 编　陈少英　叶质刚　谢世煊　张志杰
责任编辑　刘　琦
执行编辑　古显义
责任印制　焦志炜

◆ 人民邮电出版社出版发行　　北京市丰台区成寿寺路 11 号
邮编　100164　　电子邮件　315@ptpress.com.cn
网址　http://www.ptpress.com.cn
固安县铭成印刷有限公司印刷

◆ 开本：787×1092　1/16
印张：7.5　　　　2017 年 1 月第 1 版
字数：192 千字　　　　2019 年 3 月河北第 6 次印刷

定价：24.00 元

读者服务热线：(010)81055256　印装质量热线：(010)81055316
反盗版热线：(010)81055315

前 言

“大学计算机基础”（又名计算机应用基础）是一门实践性较强，理论知识点较多的基础课程。早期的计算机应用基础课程中包含较多的原理性内容，各操作实例中图文较少，相互之间也没有联系，使学生难以掌握。本实训教材主要为《大学计算机基础教程》理论教材配套编写，教材以“理论够用、突出实践，项目驱动”为指导思想，力求真正体现该课程的实践性特点。

本教材主要涵盖了计算机打字指法练习、Windows 7 操作系统、Office 2010 办公软件等内容。教材的选材实用，编排新颖，实例生动活泼，并通过大量图解及简化的操作步骤深入浅出地讲解知识点，使读者易学、易懂、易用。教材中各章均使用案例驱动编写，并配有相应的上机操作题。因此，本教材也可作为高校“计算机文化基础”“计算机导论”等计算机基础理论课程的实训教材及计算机一级考试的培训教材。

通过学习本教材内容，读者可以为参加计算机一级水平考试做好技能准备，更重要的是，可以较好地培养计算机通用能力，了解计算机基本知识，掌握计算机的基本技能，并能熟练地掌握计算机操作系统、办公自动化软件及计算机网络的各项操作。此外，通过学习本教材，学生还可以培养使用计算机获取知识、解决问题的方法和意识，以满足和适应信息化社会对大学生基本素质的要求，为更好地适应信息化社会的学习和生活打下基础。

本书由郭健副教授主编，陈少英、叶质刚、谢世煊和张志杰老师担任副主编。参加编写的老师还有黄朝阳、郑杰辉、黄丽冰、徐颖、叶炼炼、罗少兰、吴正英、林扬武、陈思等专业教师。缪明聪副教授对教材的编写提出了许多宝贵意见，在此表示感谢。

编　者

2016 年 10 月

目 录 CONTENTS

第1章 开启/关闭 PC 及指法练习

实训目标

- 认识 PC 的外观，学会正确的开关机方法。
- 熟悉键盘与指法规范。
- 掌握智能 ABC 或搜狗的输入法，会输入特殊符号。

实训内容

- 【项目 1.1】中学会开启电源，启动计算机。请观察启动过程中屏幕显示的信息并理解其含义。
- 【项目 1.2】中学习标准键盘的使用，掌握汉字特殊符号的输入方法。

【项目 1.1】启动与关闭 PC

1．启动 PC

（1）开启电源，系统执行硬件测试，即自检，屏幕显示自检信息，自检无误后即开始引导系统。

（2）启动成功后，屏幕上出现 Windows 的桌面，它是 Windows 系统提供的操作环境界面。桌面上一般包含以下几个要素。

【我的电脑】：主要进行磁盘管理、文件管理、软硬件配置和打印机管理。

【回收站】：存储已删除的硬盘信息和文件，用户误删除的文件可恢复和还原（注：可移动存储设备，如软盘、光盘、优盘等被删除的文件不放入回收站，不能恢复）。

【网上邻居】：访问连接在网络中的其他计算机资源和对网络进行配置。

【我的文档】：包含 Office 文档、My Picture、My Music 等的默认文件夹。

【任务栏】：桌面底部的长条菜单，包含【开始】按钮、已打开的应用程序按钮、打开的窗口按钮、时间状态、输入法指示器、音量控制器等。其中【开始】按钮为快速执行 Windows 应用程序或命令的分类选择菜单。

2．关闭 PC

Windows 是一个多任务、多线程的操作系统，前台在运行某一程序时，后台可能也在同时运行着几个程序。所以如果在前台程序完成后就立即关掉电源，则后台程序的数据和运行结果可能会丢失，甚至会造成系统损坏。另外，由于 Windows 运行的多任务特性，在运行时需要占用大量的磁盘空间以临时保存信息，这些保存在预设好的临时文件夹下的临时文件在 Windows 正常退出时将被删除，以免浪费资源。而非正常退出将使 Windows 来不及处理这些工作，从而导致磁盘空间的浪费。因此，Windows 在“开始”菜单中安排了“关机”命令，以实现 Windows 的正常结束，具体有以下几种方法。

方法一：鼠标单击“开始”菜单中的“关机”按钮。

方法二：按键盘上的 Win 键，使用方向键选择“开始”菜单中的“关机”按钮。

方法三：按 Alt+F4 组合键，逐层关闭 Windows 应用程序。

使用以上三种方法，系统都会出现“关机”选项菜单，如图 1.1 所示，其中的五个选项意义如下。

【睡眠】：数据仍保留在内存中，系统在低功耗状态下运行。

【重新启动】：关闭 Windows，然后重新启动计算机。

【锁定】：当前用户锁定计算机，返回到系统登录界面。

【注销】：关闭当前用户的所有工作，释放占用的资源，返回到登录界面。

【切换用户】：允许另一个用户登录计算机，但前一个用户的操作依然被保留在计算机中，其请求并不会被清除，一旦计算机又切换回前一个用户，那么他仍能继续操作，这样即可保证多个用户互不干扰地使用计算机。

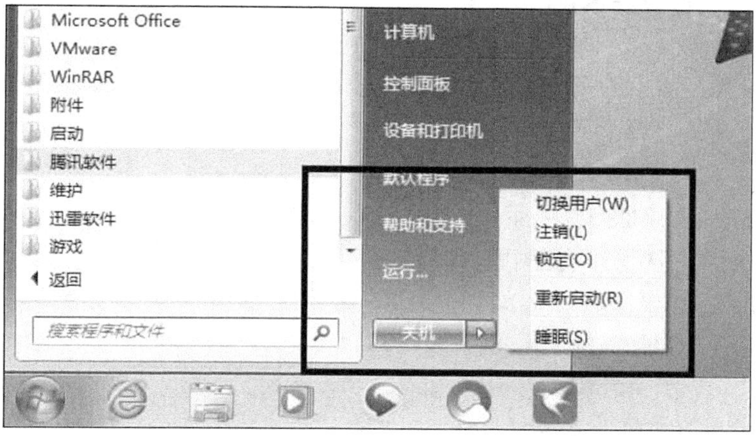

图 1.1 “关机”选项菜单

方法四：按 Ctrl+Alt+Delete 组合键，出现任务列表窗口，如图 1.2 所示。选择“关机”菜单项，执行“关闭”命令。

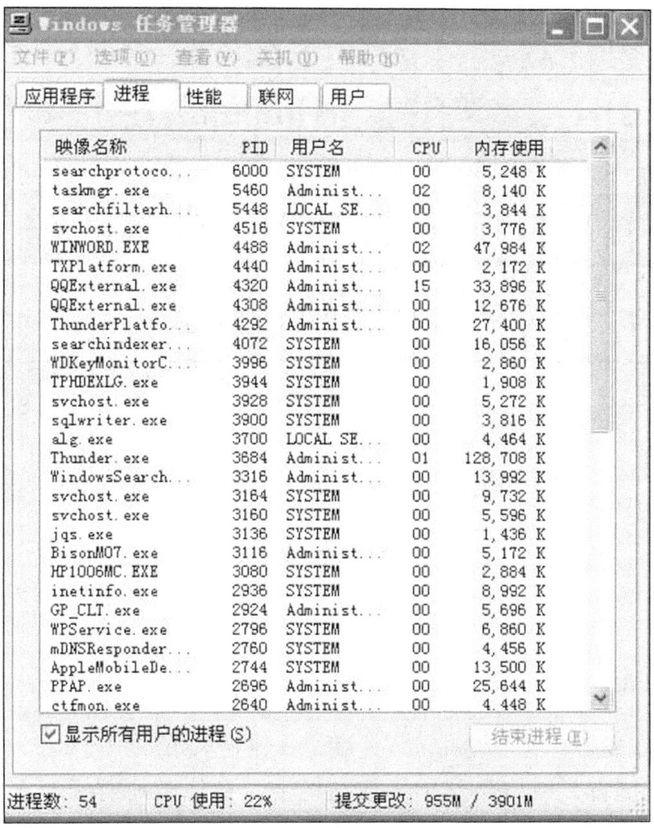

图 1.2 任务管理器

【项目 1.2】指法练习

对键盘的熟悉与规范的指法是保证输入准确率和提高输入速度的基本保证。

1．键盘布局

标准 PC 键盘布局如图 1.3 所示，主要的功能键介绍如下。

Esc：用来取消一次操作或者中止一个程序。

Tab：首行缩进 2 字符。

Caps lock：大小写切换键。

Shift+字母、数字、符号：显示某个键位上方的内容。

Enter：回车键，可以转换至下一行。

空格键（space）：按下此键可输入一个空格。

退格键（backspace）：可删除光标前的一个字符。

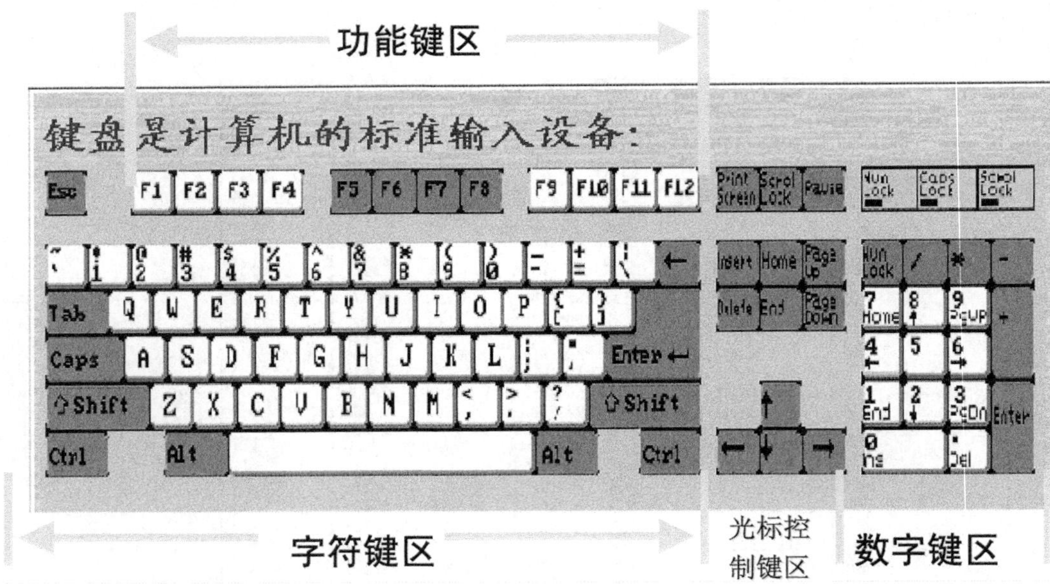

图 1.3　标准键盘示意图

2．键盘打字规范

（1）正确的操作姿势有利于提高录入速度，具体要求如下。

坐如钟，腰背挺直，双脚自然地平放在地上，身体微向前倾，人体与键盘距离约为 20cm；

肩部放松，双臂自然下垂，肘与腰部距离 5～10cm，座椅高度以达到手臂与键盘桌面平行为宜；

手掌与手指呈弓形，手指略弯曲，轻放在基准键上，指尖触键，左右手大拇指轻放在空格键上，大拇指外侧触键；

显示器应放在键盘正后方，或稍偏右，输入的文稿放在键盘左侧，以便于观看文稿和屏幕。

（2）规范化的指法

键盘上的基准键共 8 个，左边 4 个是 ASDF，右边 4 个是 JKL 与“;”，操作时，左手的四个手指依次放在左边的基准键 ASDF 上，右手的四个手指依次放在右边的基准键 JKL 上，当击打其他键后，手指均要回到基本键位以准备进行下一键的输入。

（3）指法练习

使用“金山打字通”等指法软件进行必要的指法规范化练习。

3．智能 ABC 输入法

智能 ABC 输入法有两种输入模式：“标准”和“双打”模式，在汉字输入状态框中可实现两者的转换。

（1）智能 ABC 的“标准”输入法

● 全拼输入。全拼输入法是按规范的汉语拼音的顺序输入全部字母，可进行单字、词组输入。在输入词组时，可以在词与词之间用标点“’”（隔音符）隔开，进行适当断词，以消除歧义，这些用户可以一直键入下去，按空格键，表示当前词组输入结束。如图 1.4 所示，输入词组“职业技术学院”。

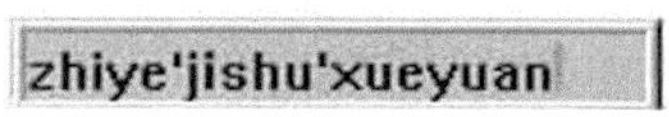

图 1.4 输入“职业技术学院”

● 简拼输入。如果对有的汉语拼音把握不甚准确，可以使用简拼输入。简拼输入法是由各个音节的第一个字母组成，对于包含 zh、ch、sh 这样音节的，也可以取前两个字母组成。简拼输入法主要用于输入词组，例如下列一些词组的输入：

词组	全拼输入	简拼输入
国家	guojia	g j
人民	renmin	r m

此外，在使用简拼输入法时，隔音符号可以用来排除编码的二义性。例如，若用简拼输入法输入“中华”，简拼编码不能是“zh”，因为它是复合声母“知”，因此，正确的输入方法应该使用隔音符“’”输入“z’h”，即可显示“中华”两字。

● 混拼输入。智能 ABC 输入法支持混拼输入，也就是输入两个音节以上的词语时，有的音节可以用全拼编码，有的音节则可以用简拼编码。例如输入“计算机”一词，其全拼编码是“jisuanji”，也可以采用混拼编码“jisj”或“jisji”。在使用混拼输入法时，也可以用隔音符号来排除编码的二义性。

智能 ABC 输入法的工具条如图 1.5 所示，快捷键的介绍如下。

- 中/英文输入法切换：Ctrl+Space。
- 多种输入法之间切换：Ctrl+Shift。
- 全角/半角之间切换：Shift+Space。
- 中/英文标点切换：Ctrl+“.”。
- 特殊符号的调用：右键单击软键盘；智能 ABC 输入法用 V+1 或 V+3。

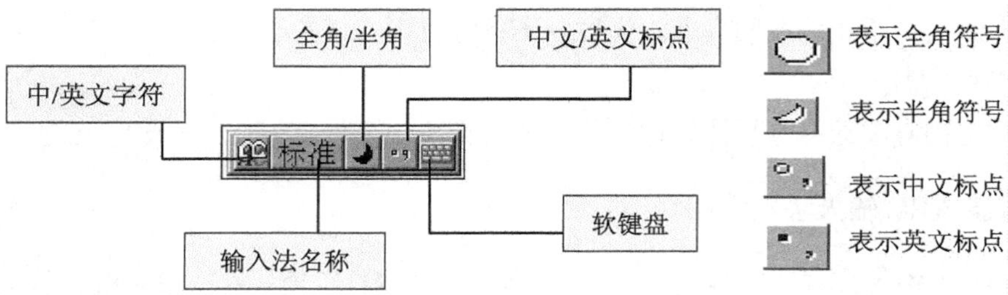

图 1.5　智能 ABC 输入法状态栏

中文标点符号与键盘上键位的转换表

键位	英文符号	中文符号	键位	英文符号	中文符号
.	.	。	Shift + 1	!	！感叹号
,	,	，	Shift + 2	@	·间隔号
Shift + <	<	《	Shift +3	#	#
Shift + >	>	》	Shift + 4	$	￥人民币号
Shift + ‘	“”	“”	Shift + 5	%	% 百分号
\	\	、顿号	Shift + 6	^	……省略号
‘	‘	‘	Shift + 7	&	&连接号
;、:	;、:	；、：	Shift + 8	*	*
Shift + -	_	——	Shift + 9、0	( )	（ ）括号

（2）全角/半角的区别

全角模式下：输入的符号为双字节。

半角模式下：输入的符号为单字节。

例：在不同方式下输入字母 happy everyday

半角：happy everyday　　(HAPPY EVERYDAY)

全角：ｈａｐｐｙ　ｅｖｅｒｙｄａｙ　（ＨＡＰＰＹ　ＥＶＥＲＹＤＡＹ）

实训小结

通过本实训，学会正确开关 PC 的方法；规范键盘指法并掌握拼音输入法；经过适当的打字练习，逐步达到并超过考级大纲中每分钟 17 字的输入速度要求。

操作习题

要求以不低于 17 字/分钟的速度完成下列样文中文字的输入，注意半全角及大小写要完全一致，无需设置字体格式。

比尔·盖茨宣布在中国启动“维纳斯计划”，欲通过维纳斯机顶盒产品，使拥有电视机的用户能联入 Internet。一篇《维纳斯计划祸兮福兮》引发关于“狼来了”的争论。凯思集团也宣布启动“女娲计划”，与微软针锋相对。

恶作剧是信息社会高度发展的产物。1984 年 Steven·Levy 所著的《HACKERS》一书向广大读者详细地介绍了恶作剧的一切。正如 LEVY 所说：“恶作剧是那些对某种「如计算机」技术感兴趣的人。他们似乎对所有的有关知识和技术均有兴趣……”

Photoshop 是著名的 Adobe 公司开发的图形图像处理软件。Photoshop 发展到今天，已经在平面广告设计、建筑效果图制作、多媒体界面设计等领域得到了广泛应用。目前市面上有大量教材，如《Photoshop CS5 视频培训教程》（中文版 2DVD-R）可供自学。

矢量图使用直线和曲线来描述图形，这些图形是通过数学公式来计算获得的。矢量图形最大的优点是无论放大、缩小或旋转等均不会失真；最大的缺点是难以表现色彩层次丰富的逼真图像效果。常用的矢量绘图软件有 Illustrator、CollreDraw 等。

电子商务（Electronic Commerce，EC）的广泛应用，为中小企业甚至大型企业提供了摆脱自身规模限制、最大限度利用信息技术和网络技术，从而在激烈的市场竞争中站稳脚跟的机会。作为一种崭新的商务运作模式，电子商务现已显现出巨大的商业价值。

2008 年 10 月，美国太平洋物流有限公司 NetWORKS Routing 系统管理员王刚接到通知要为位于华盛顿市、Intersection 值为 DC-100 的 Location 新增两个高峰时间（Rush Hour），所以他更改了显示数据的条件。

Flash 是一种优秀的矢量动画编辑软件，利用该软件制作的动画文件尺寸较位图动画文件（如 GIF 动画片）尺寸小得多。用户除了可以利用它制作普通动画外，还可以在动画中加入背景音乐。更重要的是，用户还可以制作网页。

IE6 具有很强的自动搜索功能。例如，记不住“中国人民大学”的网址 www.ruc.edu.cn，可以按照以下步骤进行自动搜索：在地址栏中输入中文“中国人民大学”，然后单击地址栏右侧的“转到”按钮，或回车，IE 即可自动打开中国人民大学官方网站的主页。

第 2 章 Windows 基本操作

实训目标

- 掌握 Windows 7 对文件及文件夹的基本操作。
- 掌握 Windows 7 附件中的应用程序。
- 熟悉常用多媒体软件的基本操作。

实训内容

- 通过【项目 2.1】学会对文件及文件夹的基本操作；设置 Windows 7 个性化桌面。
- 通过【项目 2.2】学习 Windows 7 中常用多媒体软件的用法，掌握画图、Windows Media Player（媒体播放器）、千千静听等常用软件的操作方法。

【项目 2.1】Windows 7 的基本操作与设置

1．Windows 7 的文件系统及操作

（1）操作内容

新建：在“素材 2”中的“项目 2-1”文件夹内新建一新的文件夹 FRUITS。

复制：将 APPLE 文件夹中的 PHOTO.JPG 文件复制到 FRUITS 文件夹中。

移动：将 TOMATO 文件夹中的 INTRODUCTION.TXT 文件移动到 FRUIT 文件夹中。

删除：删除 ORANGE 文件夹中的文件 TEMP.TXT。删除 APPLE 文件夹中的隐藏文件 SALE.XLS。

属性：设置 ORANGE 文件夹中的 ALL.TXT 文件属性为只读，设置 BANANA 文件夹中的 PRICE.XLS 文件属性为隐藏。

（2）操作步骤

① 在“素材 2”中的“项目 2-1”文件夹内的空白处单击鼠标右键，选择【新建】—【文件夹】；通过键盘输入文件夹的名称“FRUITS”；最后按键盘的【Enter】键返回，如图 2.1 所示。

② 双击鼠标左键进入 APPLE 文件夹中，右键单击其中的文件 PHOTO.JPG，在右键快捷菜单中选择【复制】，如图 2.2 所示；进入 FRUITS 文件夹中，在 FRUITS 文件夹内的空白处单击鼠标右键，选择【粘贴】即可，如图 2.3 所示。

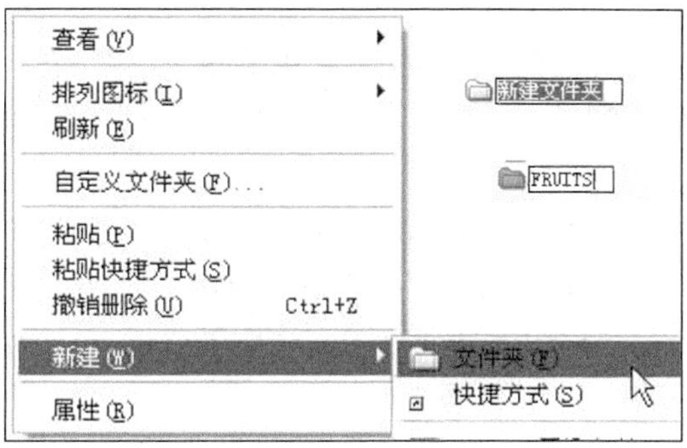

图 2.1 新建操作

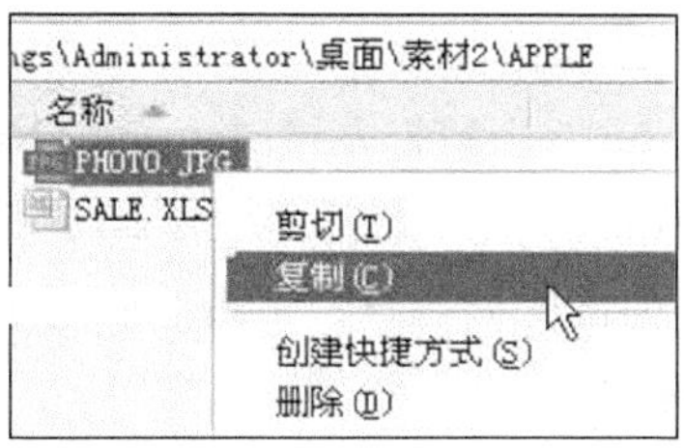

图 2.2 复制操作 -1

③ 双击鼠标左键进入 TOMATO 文件夹中，右键单击其中的文件 INTRODUCTION.TXT，在右键快捷菜单中选择【剪切】，如图 2.4 所示；进入 FRUITS 文件夹中，在 FRUITS 文件夹内的空白处单击鼠标右键，选择【粘贴】即可，如图 2.5 所示。

④ 双击鼠标左键进入 ORANGE 文件夹中，右键单击其中的文件 TEMP.TXT，在右键快捷菜单中选择【删除】即可，如图 2.6 所示。

图 2.3　复制操作－2

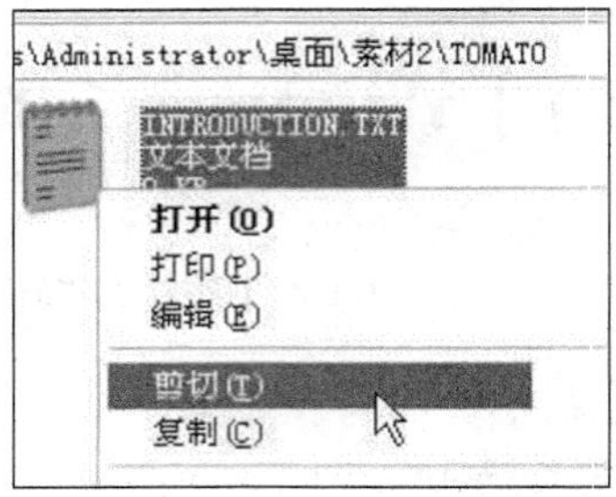

图 2.4　剪切操作－1

图 2.5　剪切操作－2

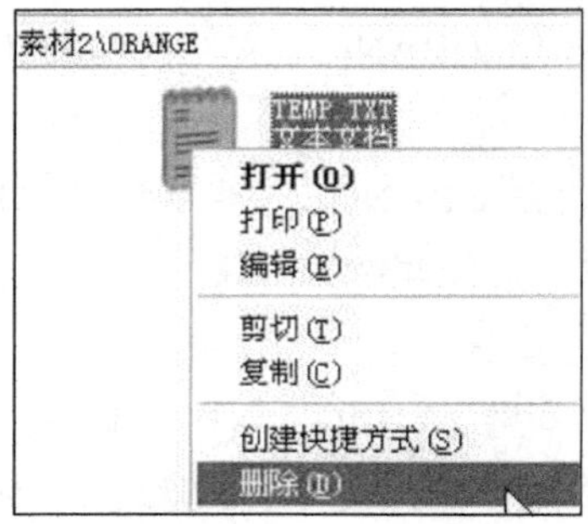

图 2.6　删除操作

⑤ 双击鼠标左键进入 APPLE 文件夹中，单击菜单栏的【工具】菜单，在下拉菜单中选择【文件夹选项（O）...】，打开【文件夹选项】对话框，如图 2.7 所示；选择【文件夹选项】对话框的【查看】选项卡，拖曳垂直滚动条至中下部，在【隐藏文件和文件夹】选项下，选中【显示隐藏的文件、文件夹和驱动器】单选按钮，单击【确定】按钮返回，如图 2.8 所示；在 APPLE 文件夹中，右键单击其中的文件 SALE.XLS，在右键快捷菜单中选择【删除】即可，如图 2.9 所示。

⑥ 双击鼠标左键进入 ORANGE 文件夹中，右键单击其中的文件 ALL.TXT，在右键快捷菜单中选择【属性】，如图 2.10 所示；在打开的【ALL.TXT 属性】对话框中，勾选【只读】属性前面的复选框，单击【确定】按钮返回，如图 2.11 所示。以相似的步骤完成 PRICE.XLS 文件隐藏属性的设置。

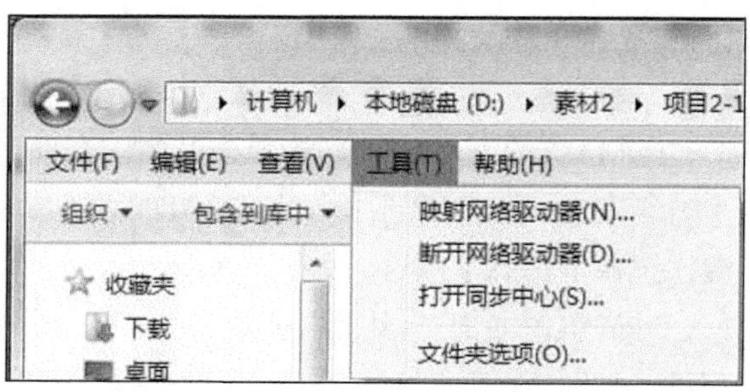

图 2.7　删除隐藏文件－1

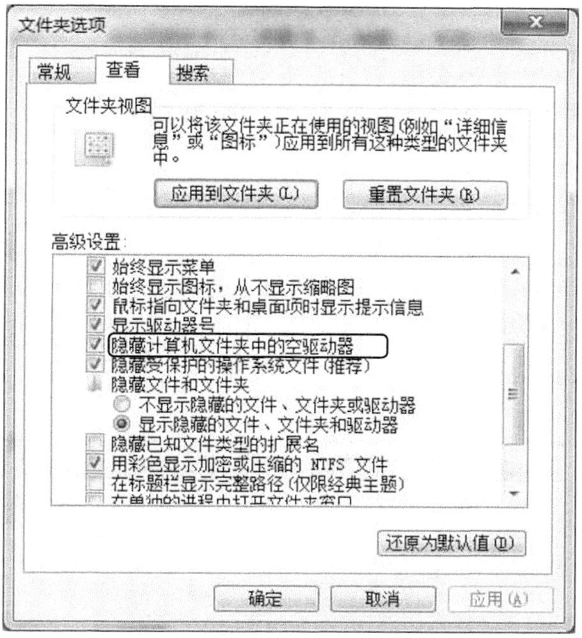

图 2.8　删除隐藏文件－2

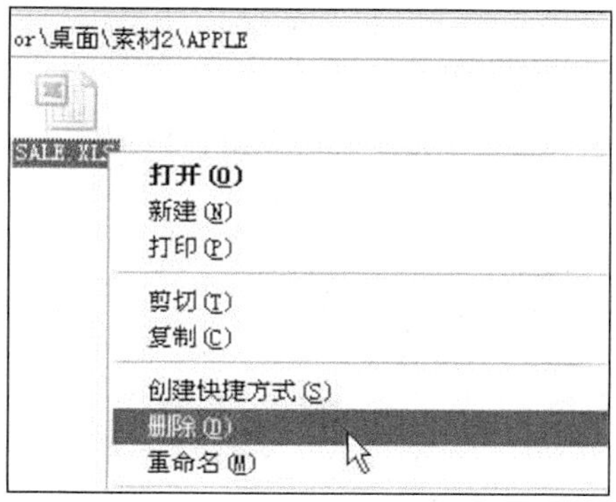

图 2.9　删除隐藏文件－3

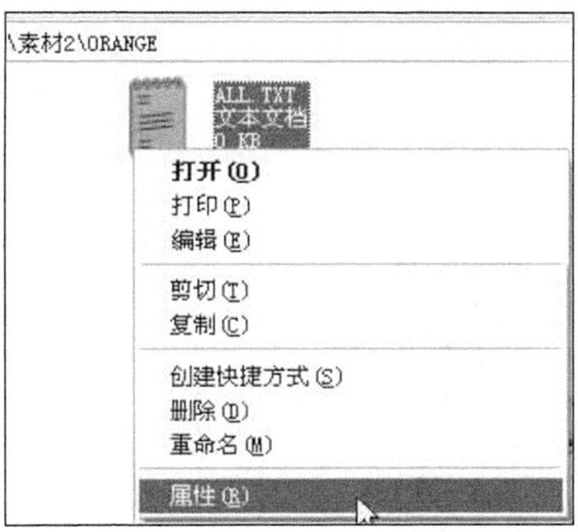

图 2.10　文件属性设置－1

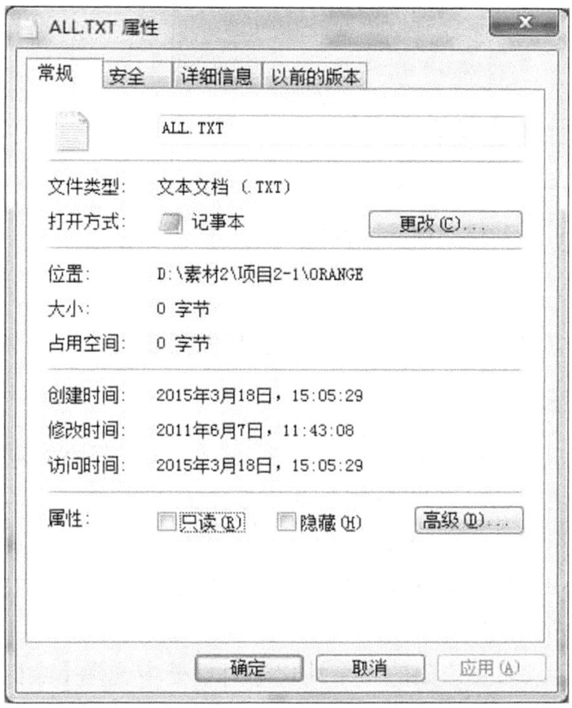

图 2.11　文件属性设置－2

2．使用 WinRAR 软件压缩文档

（1）操作内容

将“素材 2”中的“项目 2-1”文件夹中的 Report.doc 文件压缩为 Report.zip。

（2）操作步骤

① 打开“素材 2”中的“项目 2-1”文件夹，右键单击 Report.doc 文件，在右键快捷菜单中选择【添加到压缩文件（A）…】，如图 2.12 所示，打开【压缩文件名和参数】对话框。

② 在弹出的 WinRAR【压缩文件名和参数】对话框中选择【常规】选项卡，在其中选择【压缩文件格式】为【ZIP】，最后单击【确定】按钮，如图 2.13 所示。即可在“素材 2”中的“项目 2-1”文件夹检查验证新生成了文件 Report.zip。

图 2.12　WinRAR 软件的使用－1

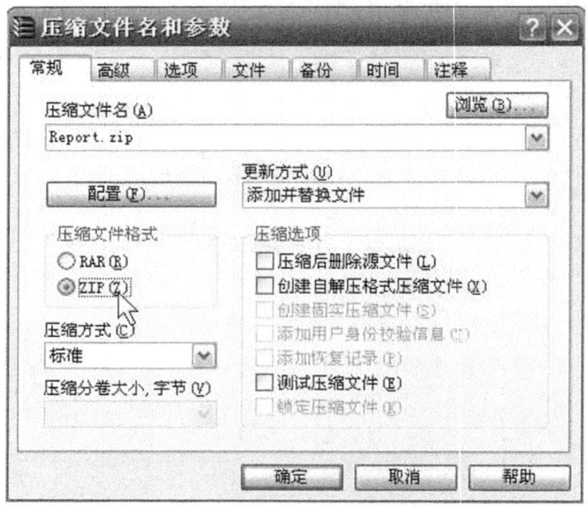

图 2.13　WinRAR 软件的使用－2

3．Windows 7 个性化桌面的设置

（1）操作内容

将“素材 2”中“项目 2-1”文件夹中的“Yayun.JPG”图片设置为桌面墙纸，以居中方式显示。

（2）操作步骤

① 在桌面空白处单击鼠标右键，在弹出的右键快捷菜单中选择【个性化】，如图 2.14 所示。

② 在弹出的【个性化】对话框中选择【桌面背景】按钮，单击图片位置后的【浏览按钮】，找到图片“Yayun.JPG”所在的文件夹并单击【确定】按钮，如图 2.15 所示。

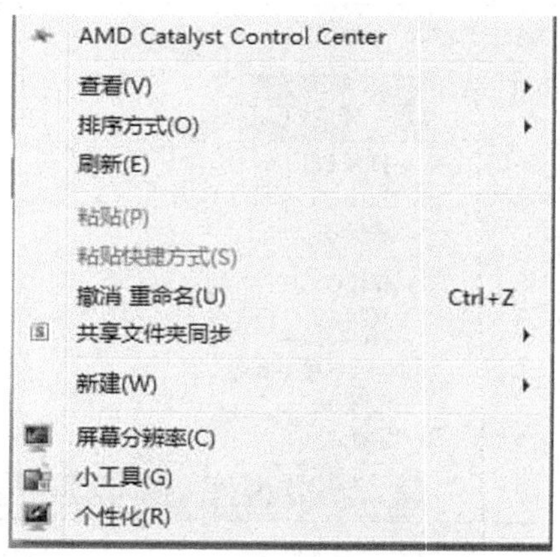

图 2.14　个性化桌面的设置－1

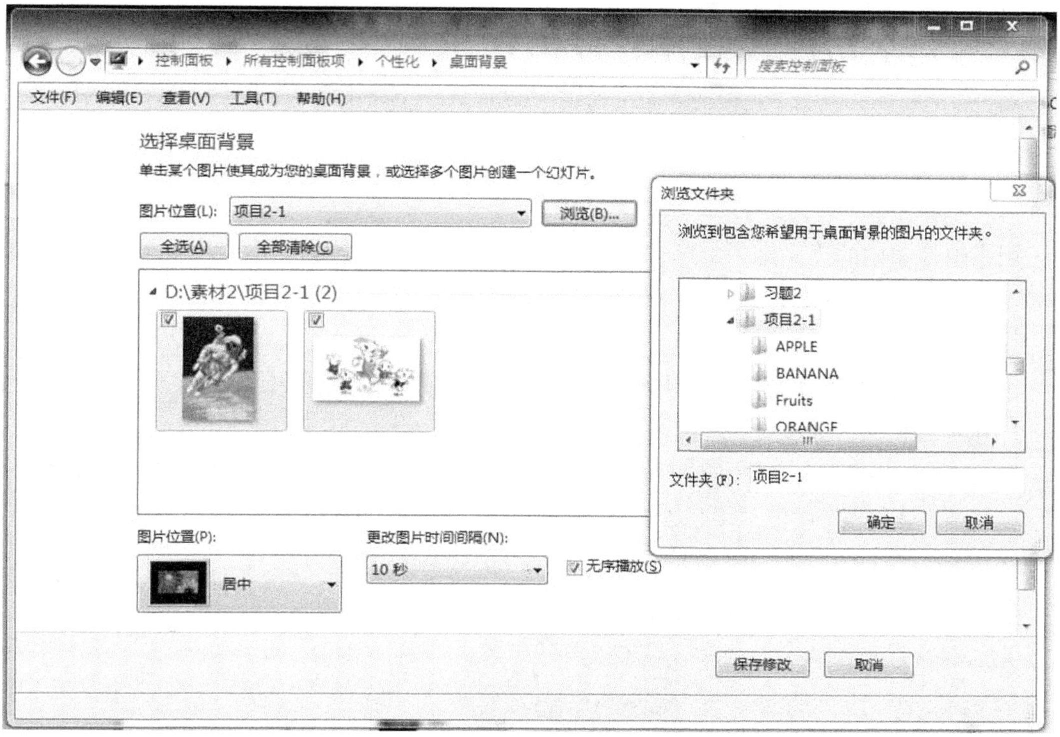

图 2.15　个性化桌面的设置 – 2

③ 在【个性化】对话框中的图片预览窗口里选择“Yayun.JPG”，在【图片位置】下拉菜单中选择【居中】，如图 2.16 所示，最后单击【保存修改】按钮返回桌面，即可看到设置的效果。

图 2.16　个性化桌面的设置 – 3

【项目 2.2】常用多媒体软件的使用

1.【附件】中的“画图”软件

（1）操作内容

用【附件】中的【画图】打开“素材 2”中“项目 2-1”文件夹下的 Astraunt.bmp 文件，将其另存为 256 色 BMP 位图文件 Astraunt256.bmp。

（2）操作步骤

① 单击桌面左下角的按钮【开始】，选择【所有程序】，再选择【附件】，单击其中的【画图】打开画图软件，如图 2.17 所示。

② 在软件【画图】中单击左上角的【画图】按钮，在下拉列表中选择【打开】，如图 2.18 所示，选择“素材 2”中的“项目 2-1”文件夹下的 Astraunt.bmp 文件，再单击【打开】按钮，如图 2.19 所示，即在【画图】软件中打开了文件 Astraunt.bmp。

图 2.17 【画图】软件的操作－1

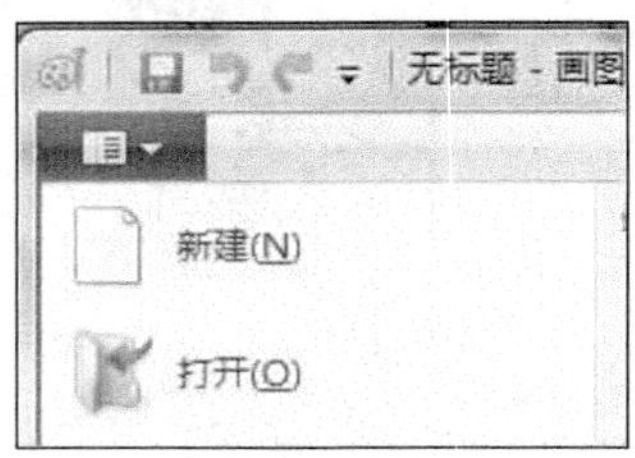

图 2.18 【画图】软件的操作－2

③ 在画图软件中单击【画图】按钮，选择【另存为】—【其他格式】，如图 2.20 所示，在弹出的【保存为】对话框中选择正确的保存位置（“素材 2”中的“项目 2-1”文件夹）、文件类型（256 色位图.bmp）和文件名（Astraunt256）后，单击【保存】按钮完成本题，如图 2.21 所示。完成后可以在“素材 2”中的“项目 2-1”文件夹下查验新生成的文件“Astraunt256.bmp”。

图 2.19 【画图】软件的操作 – 3

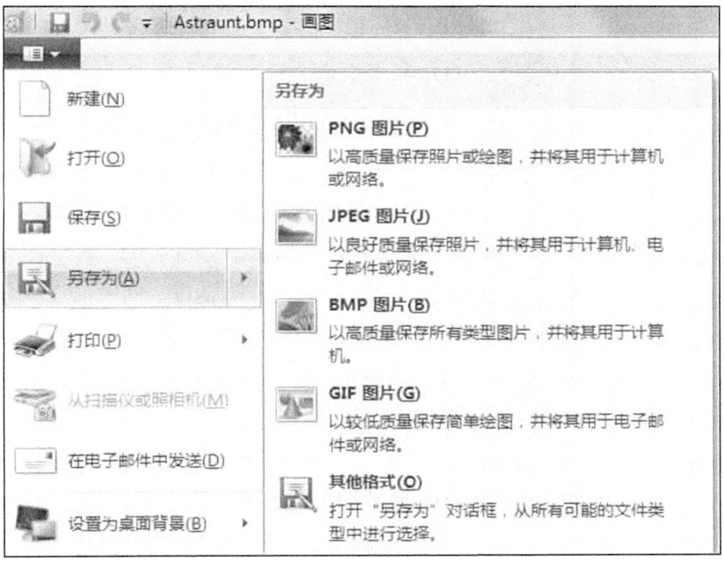

图 2.20 【画图】软件的操作 – 4

2．Windows Media Player（媒体播放器）

（1）操作内容

使用【附件】中的【媒体播放器】打开并播放“素材 2”中的“项目 2-1”文件夹下的 watch.avi 视频文件。

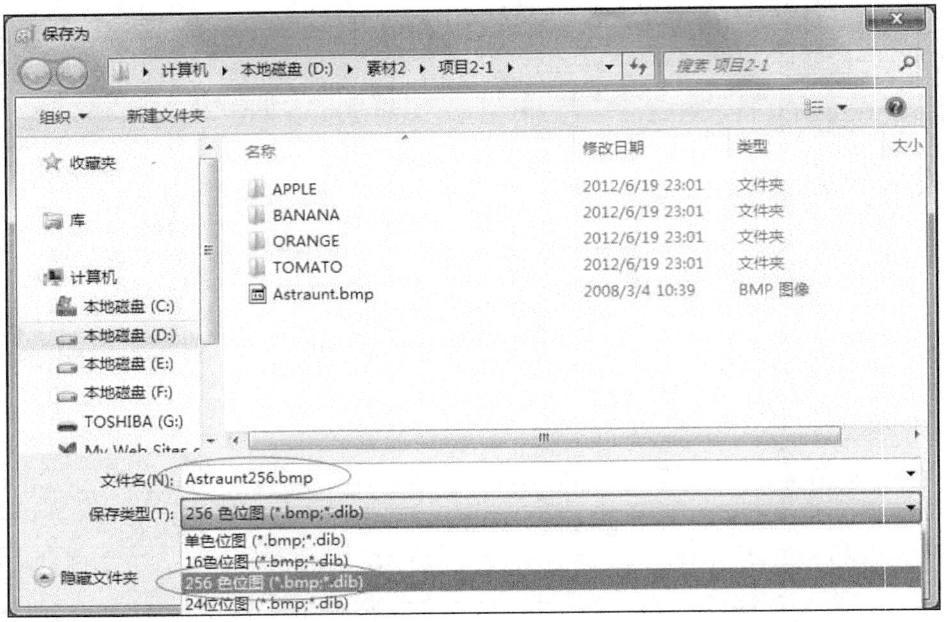

图 2.21 【画图】软件的操作 - 5

图 2.22 媒体播放器的播放操作 - 1

（2）操作步骤

① 单击桌面左下角的【开始】按钮，选择【所有程序】，单击其中的【Windows Media Player】打开媒体播放器软件，如图 2.22 所示。

② 在 Windows Media Player 软件界面的工具栏空白处单击鼠标右键，在弹出的快捷下拉菜单中，选择【文件】，【打开】，进入【打开】对话框，如图 2.23 所示，选择“素材 2”中的“项目 2-1”文件夹下的 watch.avi 视频文件，并单击【打开】按钮，即可观看到 watch.avi 视频文件的播放过程，如图 2.24 所示。

3．音频播放工具

（1）操作内容

使用“千千静听”音频播放工具打开“素材 2”中的“项目 2-1”文件夹下的 Tada.wav 文件，并将其转换成 mp3 音频文件 Tada.mp3,选择采样频率为 48000Hz。

（2）操作步骤

① 双击桌面上的【千千静听】快捷方式，打开【千千静听】软件，在播放列表栏单击【添加】按钮，选择【文件（F）…】，如图 2.25 所示。

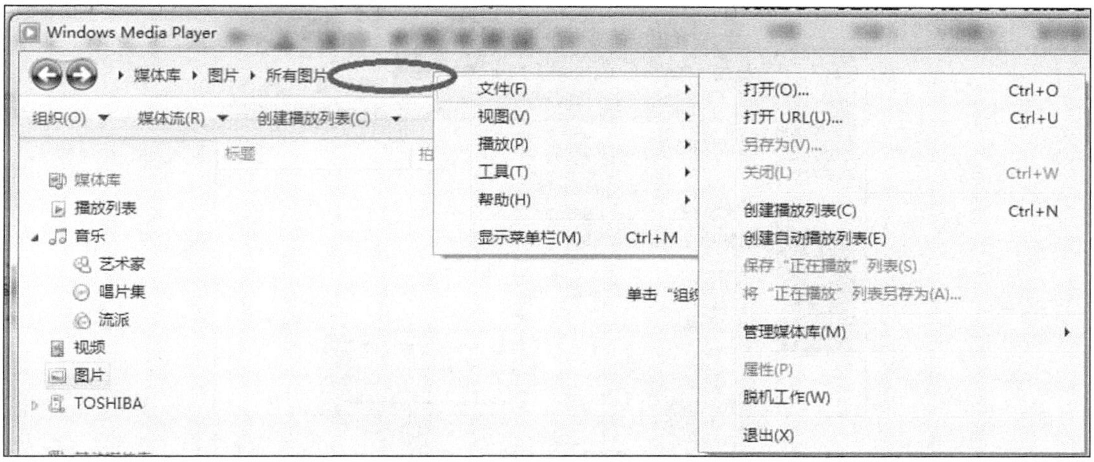

图 2.23　媒体播放器的播放操作 - 2

图 2.24　媒体播放器的播放操作 - 3

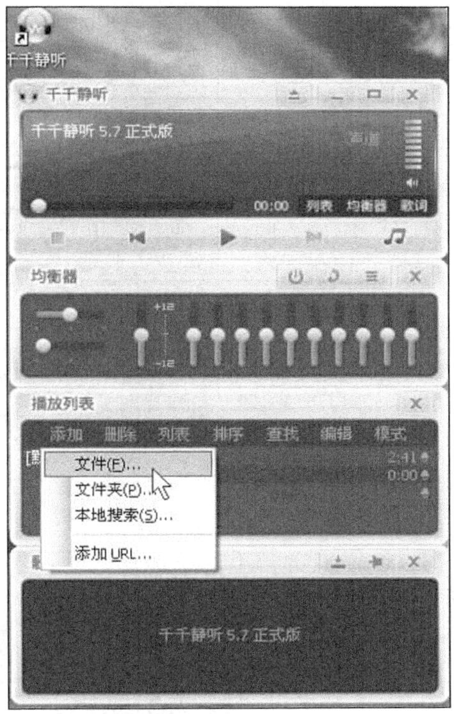

图 2.25　千千静听 - 1

② 在【打开】对话框中选择正确的路径打开音频文件 Tada.wav，如图 2.26 所示，单击【打开】按钮返回【千千静听】主界面。

③ 在【千千静听】主界面中单击播放按钮，如图 2.27 所示，播放音频文件 Tada.wav。

④ 在播放列表中，在文件名处“Tada”单击鼠标右键，在右键快捷菜单中选择【转换格式（C）...】，打开【转换格式】对话框，如图 2.28 所示。

图 2.26　千千静听－2

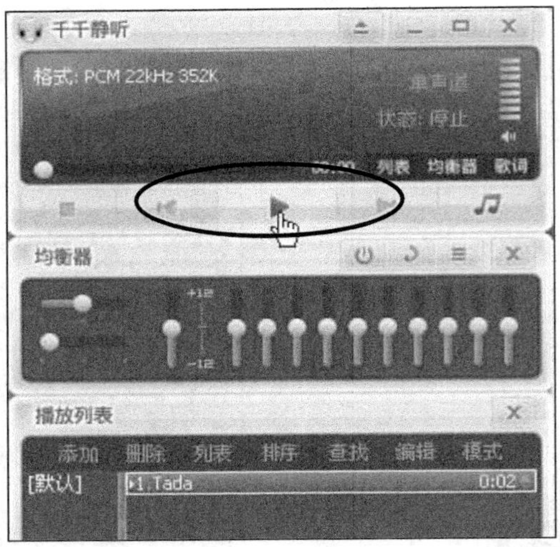

图 2.27　千千静听－3

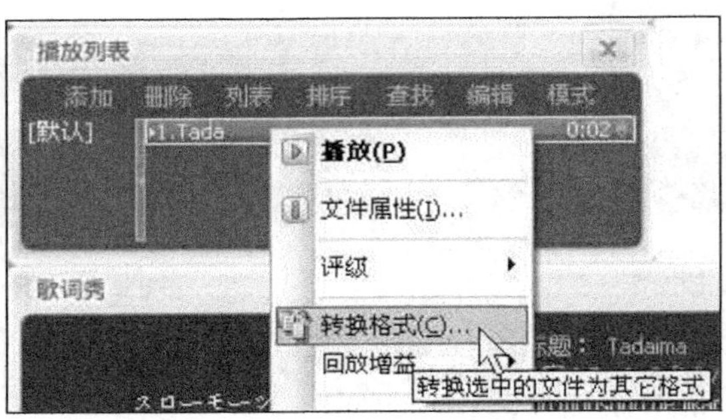

图 2.28　千千静听－4

⑤ 在【转换格式】对话框中，通过【输出格式】右侧的下拉列表中选择【MP3 编码器

（lame v3.90.3）v1.02】选项；选取【转换采样频率】左侧复选框，并在其右侧下拉列表中选择题干所要求的采样频率，即 48000Hz；通过【目标文件夹】最右侧按钮🔍选择正确的目标文件存放路径，一般情况下要求与源文件“Tada.wav”存放在同一目录下；最后，单击【立即转换】按钮返回，如图 2.29 所示。即可在“素材 2”中的“项目 2-1”文件夹下查验新生成的文件“Tada.mp3”。

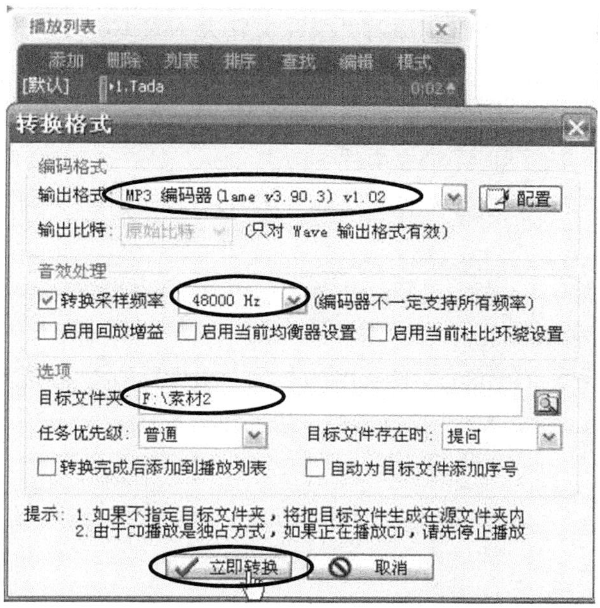

图 2.29 千千静听－5

实训小结

本章主要通过 2 个实训项目的操作，练习 Windows 7 文件系统的操作、个性化桌面的设置，使读者熟悉画图、媒体播放器，WinRAR、千千静听等常用多媒体软件使用方法。

操作习题

1. 打开“素材 2”中的文件夹“习题 1”,按要求完成如下操作。

（1）将考生文件夹下 FAC 文件夹中的 FAST.prg 文件转移到考生文件夹下的 FBC 文件夹中。

（2）用“千千静音”音频播放工具打开考生文件夹下的 Start.wav 波形文件，将其转换成 mp3 音频文件 Start.mp3，选择转换采样频率为 32000Hz。

（3）在考生文件夹下的 FEP 文件夹内新建文件夹 FLB。

（4）用“附件”中的“画图”打开考生文件夹下的 Clouds.bmp.文件，将其另存为 JPEG 文件 Clouds.jpg。

（5）将考生文件夹下 FRP 文件夹中的 CASE.bas 文件删除。

（6）将考生文件夹下的 Wave.dat 文件压缩为 Wave.zip。

（7）将图片 fish.jpg 设置为桌面墙纸，以居中方式显示。

2. 打开“素材 2”中的文件夹“习题 2”，按要求完成如下操作。

（1）用“千千静音”音频播放工具打开考生文件夹下的 Notify.wav 波形文件，将其转换成 mp3 音频文件 Notify.mp3，选择转换采样频率为 44100Hz。

（2）将考生文件夹下的 Basket.dbf 文件压缩为 Basket.rar。

（3）将考生文件夹下的 SCALETS 文件夹改名 TEA。

（4）将考生文件夹下 SCALE 文件夹中的 TINED.GRD 文件复制到考生文件夹下的 BAG 文件夹中。

（5）用“附件”中的“画图”工具打开考生文件夹下的 Shore.bmp 文件，将其另存为 256 色 BMP 位图文件 Shore256.bmp。

（6）将考生文件夹下 REGIST 文件夹中的 COCONUT.DAT 文件删除。

（7）将图片 Autumn.jpg 设置为桌面墙纸，以平铺方式显示。

第3章 Word 2010应用

实训目标

- 掌握使用 Word 2010 进行文档格式设置的方法。
- 掌握 Word 2010 的表格制作与编辑。
- 掌握 Word 2010 的图文混排。
- 掌握使用 Word 2010 进行长文档格式编排的要领。

实训内容

- 通过【项目 3.1】文档“气象科普小知识”格式排版，掌握页面设置、字体和段落格式设置，格式刷、分隔符的使用，插入图片、艺术字、项目符号和编号的方法以及页眉页脚的设置方法。
- 通过【项目 3.2】文档“初生的地球”格式排版，掌握样式的新建、修改及应用，插入批注、页码、英文字符，更改大小写的设置，分栏以及文本带格式替换的操作。
- 通过【项目 3.3】文档“Word 的表格操作”格式排版，掌握表格与文本相互转换、表格自动套用格式、表格的合并与拆分、表格的创建、单元格的合并与拆分，设置行高列宽、对齐方式、斜线表头、表格的边框和底纹，插入页码以及单独设定某段落的每行字符数、基本图形的绘制。
- 通过【项目 3.4】长文档格式排版，掌握对长文档进行格式编排的有关操作，如：页面设置、页眉页脚设置、章节标题的样式设置、正文的格式设置、正文以外其他内容的格式设置、生成目录及目录格式设置、插入图表的题注及题注的格式设置。

【项目 3.1】文档“气象科普小知识”格式排版

打开“素材 3”文件夹中的文件“word-1.doc”，按下列格式编排要求进行操作。

1．页面设置的有关操作

（1）操作内容

设置页面纸型为 A4，上、下、左、右页边距均为 2.5 厘米，指定每页 45 行，每行 42 字符。

（2）操作步骤

① 单击【页面布局】选项卡，在【纸张大小】的下拉列表中选择【A4】，如图 3.1 所示。

② 选择【页边距】下拉列表中的【自定义边距 A…】按钮，在弹出的页面设置对话框中设置上下左右页边距的值为 2.5 厘米，如图 3.2 所示。

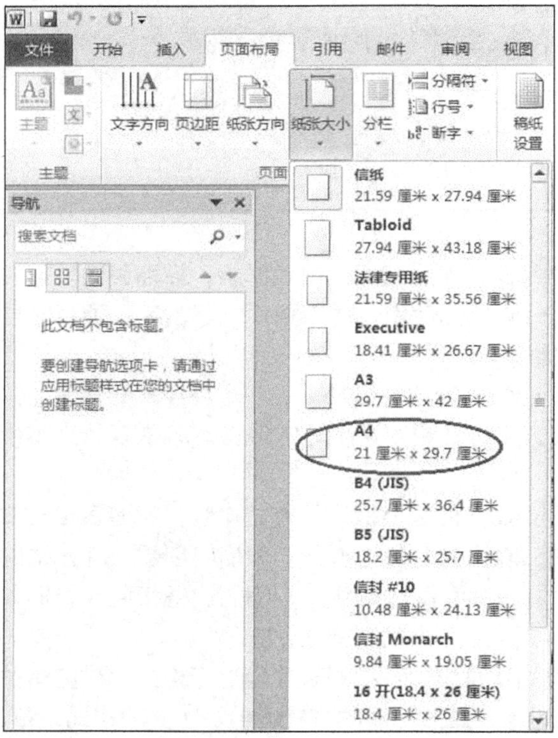

图 3.1 设置纸张大小

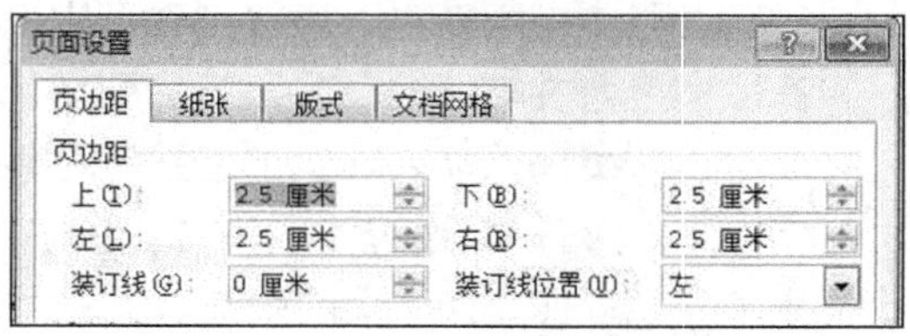

图 3.2 页边距设置

③ 在【文档网格】选项卡中的【网格】项中，单选【指定行和字符网格】；在【字符】项中指定每行的值为 42；在【行】项中，指定每页的值为 45。最后，单击【确定】按钮返回，如图 3.3 所示。

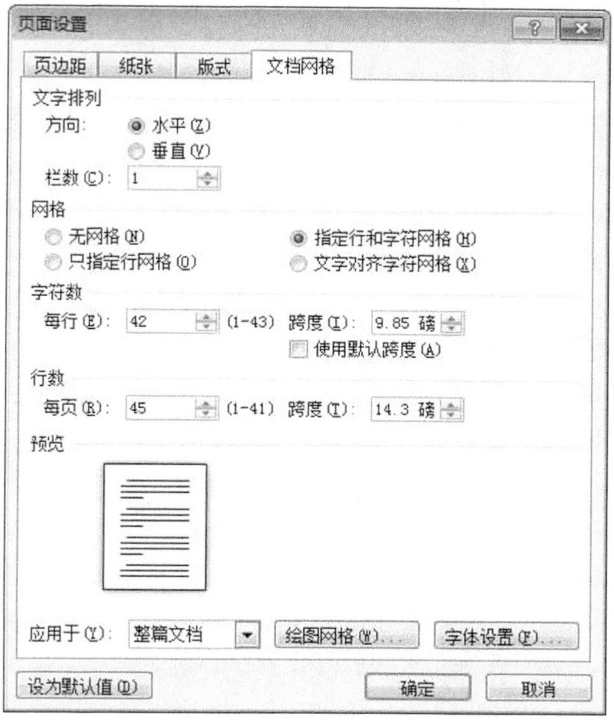

图 3.3　文档网格设置

2．字体和段落的基本格式设置

（1）操作内容

将标题（即第一段落）居中，字体设置为华文楷体、空心、二号、加粗、红色，底下加着重号；字符间距加宽 1 磅；段前间距、段后间距各 1 行。设置正文所有段落为左右缩进 2 个字符，首行缩进 2 个字符，段前间距、段后间距各 0.5 行，行距 1.1 倍。

（2）操作步骤

① 先选中标题行，单击【开始】选项卡，在【字体】组中选择【字体】按钮，打开【字体】对话框。在【字体】选项卡中设定：华文楷体、空心、二号、加粗、红色，底下加着重号，如图 3.4 所示。

② 在【高级】选项卡中，选择【间距】项为【加宽】,【磅值】为 1 磅，单击【确定】按钮返回，如图 3.5 所示。

③ 先选中标题行，在【开始】选项卡中，单击【段落】组中的【段落】按钮，打开【段落】对话框；在【缩进和间距】选项卡的【间距】项下，设置段前、段后各 1 行；单击【确定】按钮返回，如图 3.6 所示。

④ 先选中除标题外的所有正文，在【开始】选项卡中，单击【段落】组中的【段落】按钮，打开【段落】对话框；在【缩进和间距】选项卡的【缩进】项下，设置左、右各 2 字符；在【特殊格式】项下，选择【首行缩进】,【磅值】为 2 字符；在【间距】项下，设置段前、

段后各 0.5 行,【行距】处选择【多倍行距】,并在其右侧【设置值】为 1.1;单击【确定】按钮返回,如图 3.7 所示。

图 3.4　字体设置

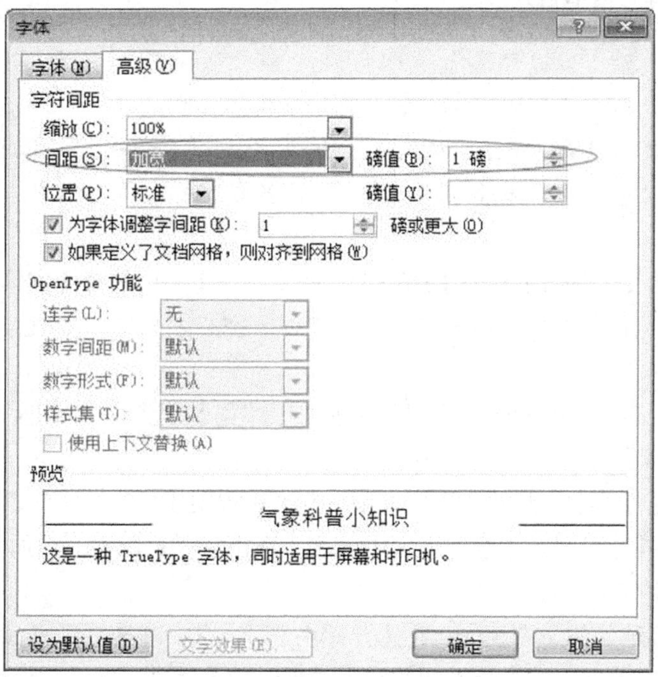

图 3.5　字间距设置

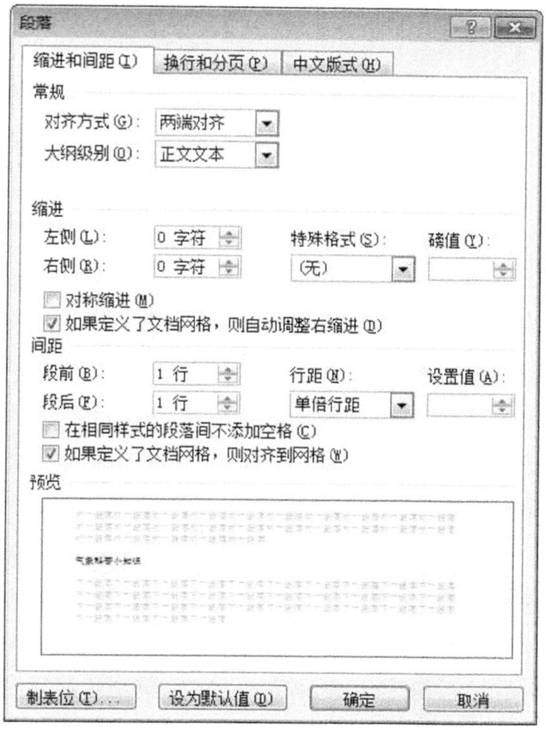

图 3.6　段前、段后间距设置

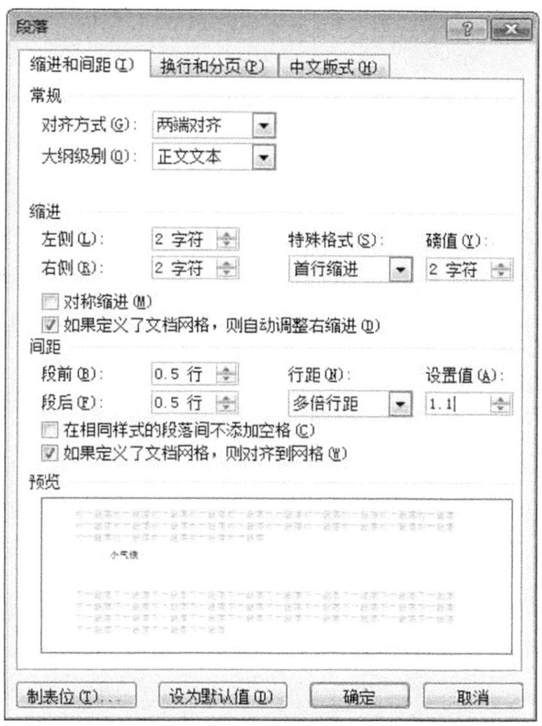

图 3.7　行距设置

3．格式刷的使用

（1）操作内容

设置第二段“小气候”的格式为华文彩云字体、18 磅字，字体颜色为“自定义”值 0、0、128，取消首行缩进两个字符的格式；并运用格式刷将第 4 段“城市气候”及第 6 段“热岛效应”设为与第 2 段相同的格式。

（2）操作步骤

① 先选中第二段“小气候”，利用“格式”工具栏快速设置其相应字体格式，如图 3.8 所示。

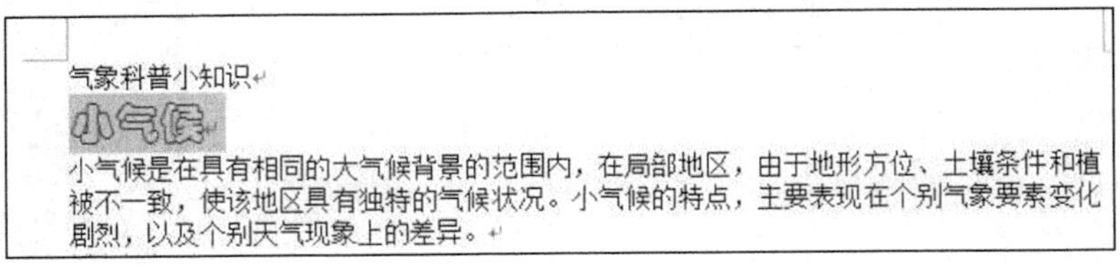

图 3.8 “小气候”例子

② 选中第二段“小气候”，在【开始】选项卡中，单击【段落】组中的【段落】按钮，打开【段落】对话框，在【特殊格式】项的下拉列表中选择【无】，单击【确定】按钮返回，如图 3.9 所示。

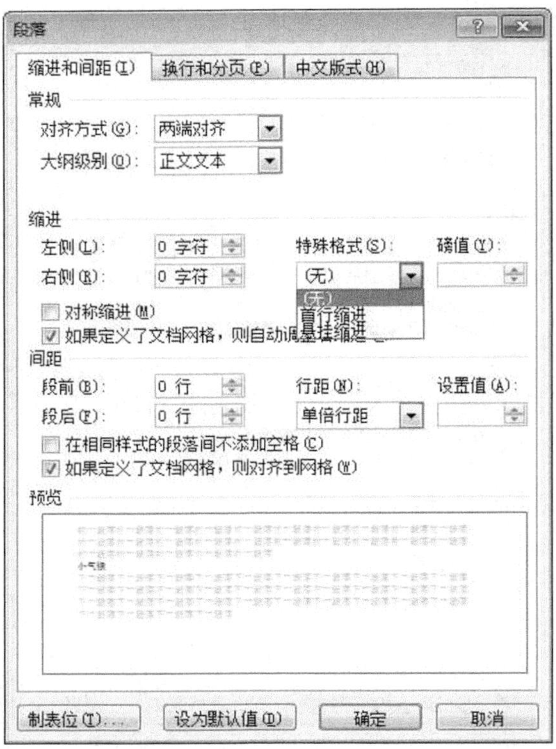

图 3.9 特殊格式设置

③ 先选中第二段“小气候”，双击“开始”选项卡中剪贴板组中的格式刷按钮【 】，如图 3.10 所示。到第 4 段“城市气候”处，自右向左刷；再到第 6 段“热岛效应”处，自右向左刷；最后再单击格式刷按钮【 】退出格式刷功能，如图 3.11 所示。

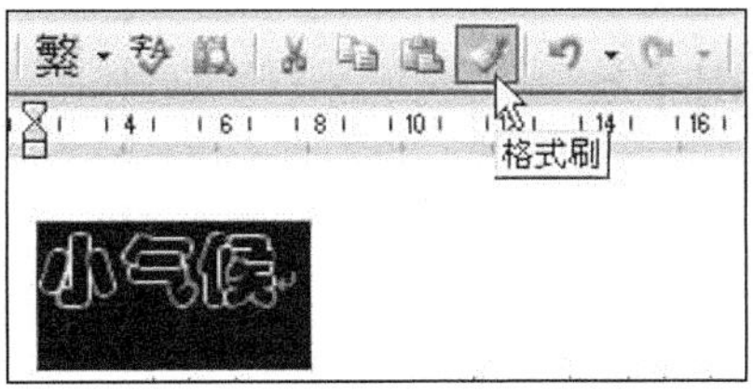

图 3.10　格式刷-1

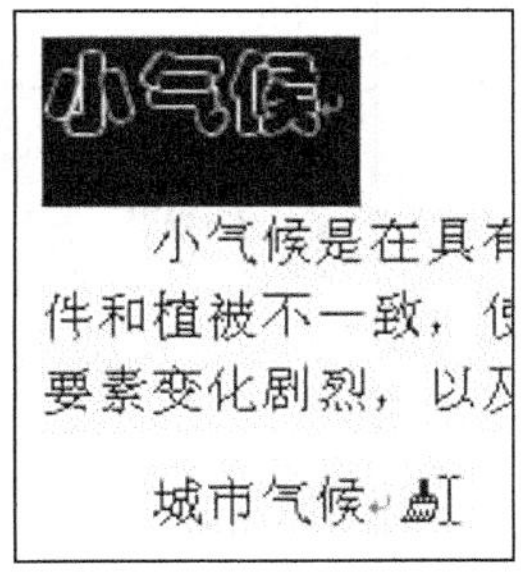

图 3.11　格式刷-2

4．分页、艺术字

（1）操作内容

在“幻灯片的基本制作”前插入分页符，将最后四段分在第二页；将“幻灯片的基本制作”设置为艺术字，选择【艺术字式样】对话框中第 2 行第 3 列的式样，选择华文细黑、32 号、阴影样式 2、居中，形状设为倒梯形。

（2）操作步骤

① 单击【插入】选项卡，单击【分页】按钮，如图 3.12 所示。

② 选中图 3.13 所示的【幻灯片的基本制作】(不选中其段落标志)，单击【插入】菜单，选择【图片】—【艺术字】，打开【艺术字库】对话框，选择第 2 行第 3 列的艺术字式样，单击【确定】按钮进入【编辑艺术字文字】对话框，如图 3.13 所示。

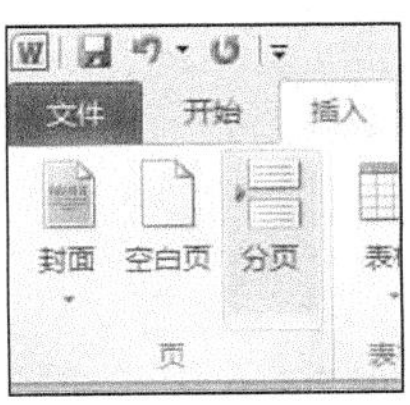

图 3.12　分页按钮

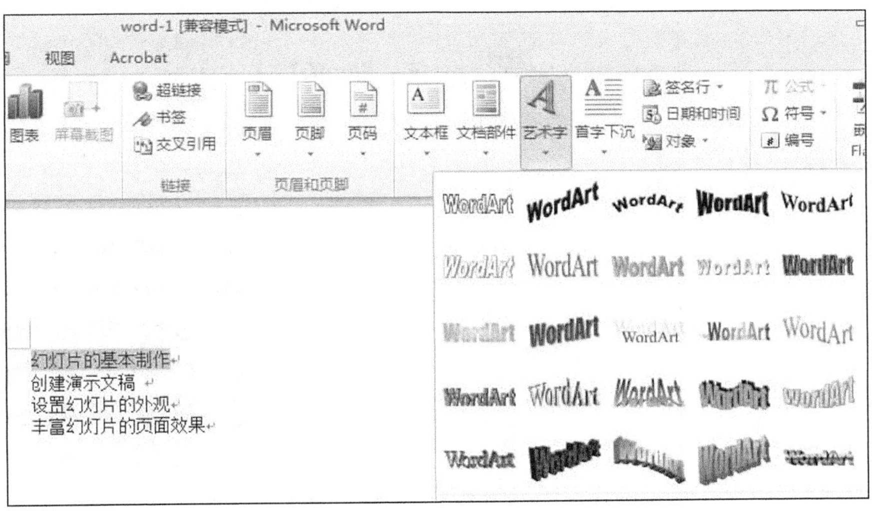

图 3.13　艺术字对话框

③ 在【编辑艺术字文字】对话框中，设置【华文细黑】、【32 号】，单击【确定】按钮返回，如图 3.14 所示。

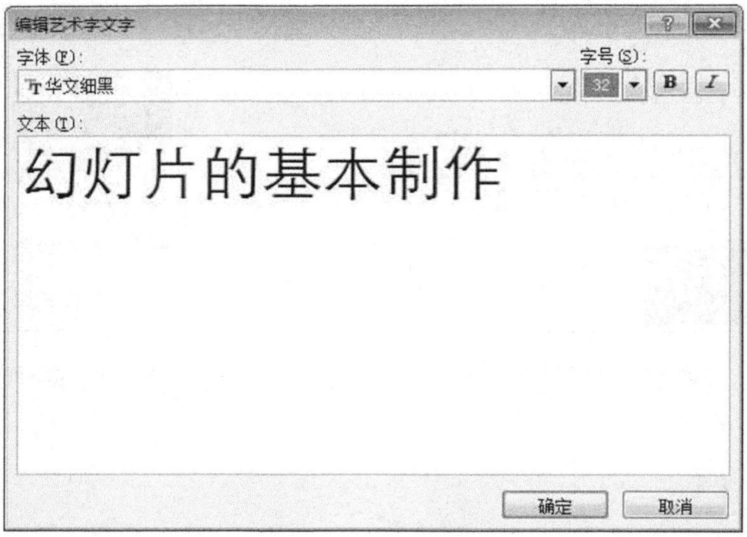

图 3.14 编辑艺术字

④ 选中艺术字，在自动弹出的“艺术字工具格式”选项卡中单击“更改形状”按钮，在其中根据提示选择【倒梯形】，如图 3.15 所示。

⑤ 选中艺术字，在“艺术字工具格式”选项卡中单击“阴影效果”按钮，在其中根据提示选择【阴影样式 2】，如图 3.16 所示。

⑥ 选中艺术字，在“艺术字工具格式”选项卡中的“段落”组中单击【居中】按钮。

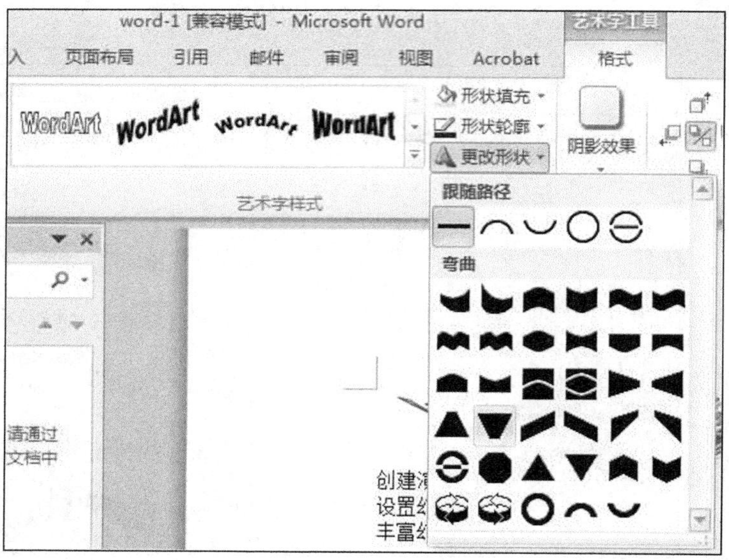

图 3.15 艺术字形状

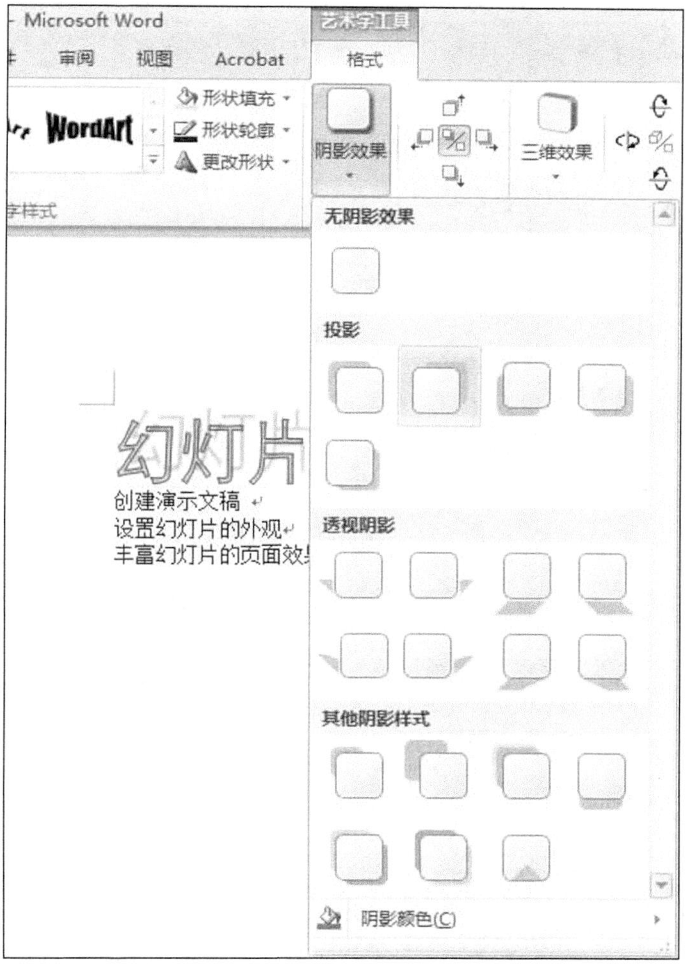

图 3.16 艺术字阴影效果

5．项目符号和编号

（1）操作内容

给最后三段的段首加项目符号。

（2）操作步骤

① 选中最后三段文字，单击【开始】选项卡，选择【项目符号库】，打开【项目符号库】下拉列表，单击【定义新项目符号】按钮，打开【定义新项目符号】对话框，如图 3.17 所示。

② 在【定义新项目符号】对话框中，单击【图片】按钮，如图 3.18 所示，打开【图片项目符号】对话框。

③ 在【图片项目符号】对话框中，选择合适的图片，单击【确定】返回，如图 3.19 所示。

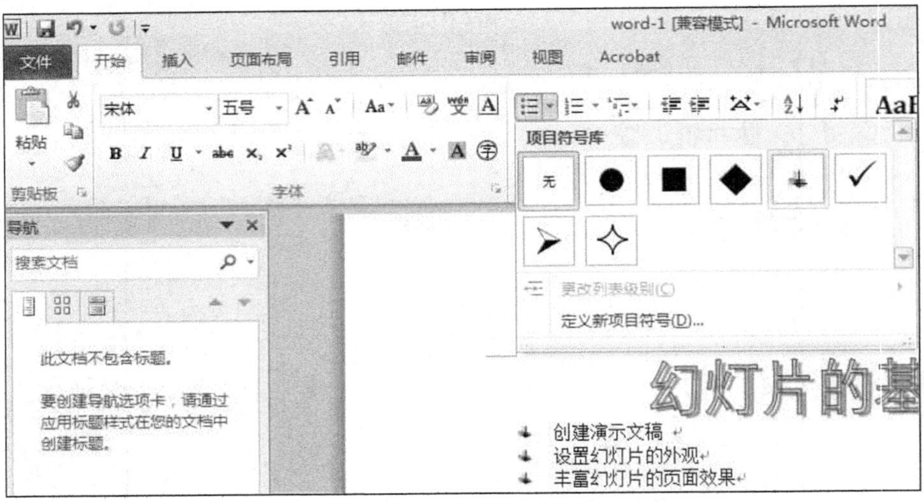

图 3.17　定义新项目符号按钮

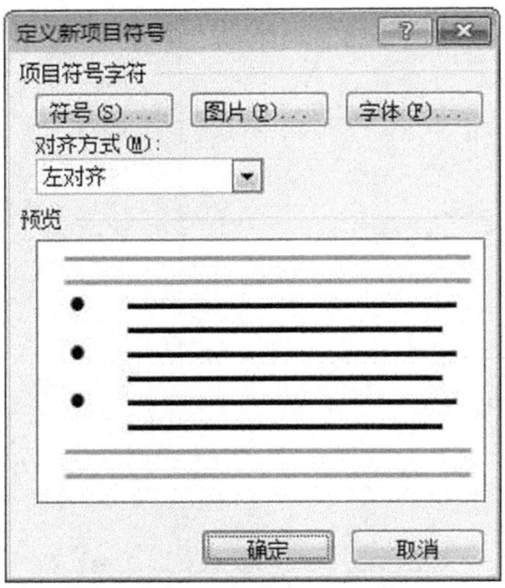

图 3.18　定义新项目符号对话框

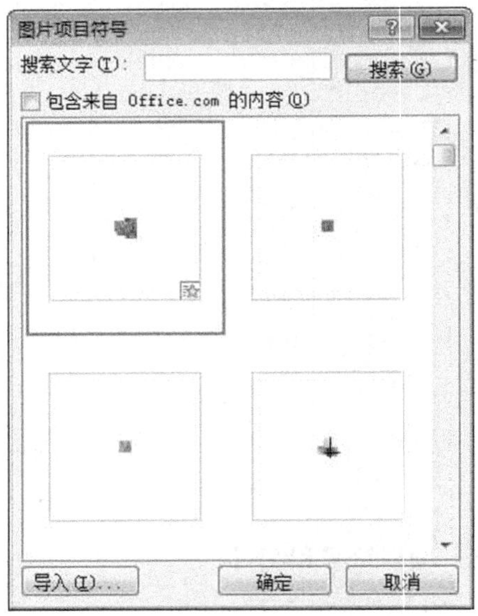

图 3.19　图片项目符号

6．插入图片

（1）操作内容

在第二页文字“设置幻灯片的外观”的右边插入“素材 3”中的图片文件“3-1A.jpg”，版式为【四周型环绕】，位置为顶端居右，尺寸大小为原来的 10%。

（2）操作步骤

① 单击【插入】选项卡，选择【图片】按钮，打开【插入图片】对话框，选择适当的图片，单击【插入】按钮，如图 3.20 所示。

图 3.20　插入图片

② 单击新插入的图片，在自动打开的【图片工具格式】选项卡中单击【自动换行】按钮，在下拉列表中选择环绕方式为【四周型环绕】，如图 3.21 所示，位置为【顶端居右】。

③ 在【大小】组中单击【大小】按钮，弹出设置图片格式对话框，设置高度为 10%，保持【锁定纵横比】复选框为选中状态，单击【确定】按钮返回，如图 3.22 所示。

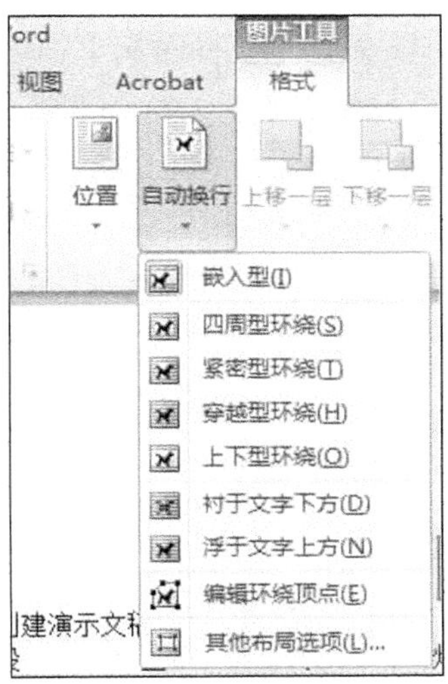

图 3.21　图片工具格式

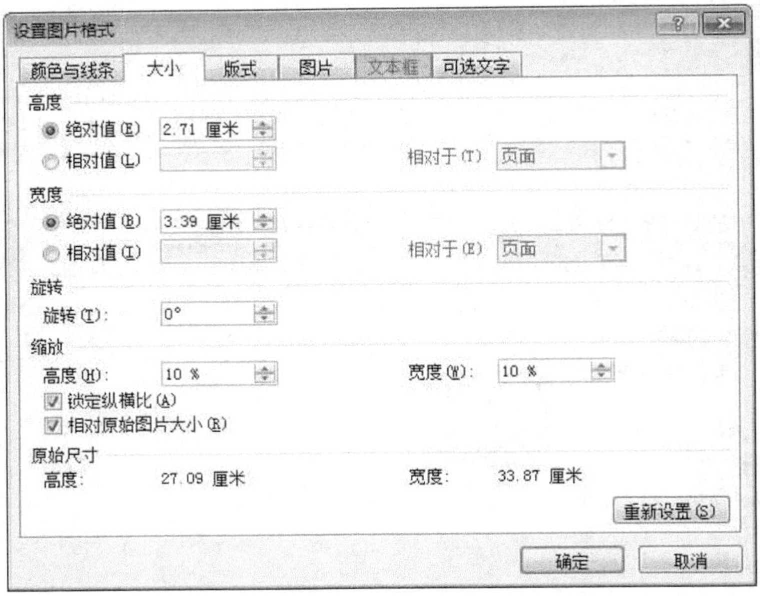

图 3.22　设置图片格式对话框

7．设置奇偶页不同的页眉、页脚

（1）操作内容

设置奇页的页眉为“气象科普小知识”，偶页的页眉为“幻灯片的基本制作”，去除页眉的横线；奇页页脚插入文件名，偶页页脚插入作者。

（2）操作步骤

① 单击【页面布局】选项卡，单击【页面设置】按钮，如图 3.23 中的箭头所示，打开【页面设置】对话框，在【版式】选项卡中，选中【奇偶页不同】复选框。

② 单击【插入】选项卡，在【页眉和页脚】组中单击【页眉】按钮，在下拉列表中选择【编辑页眉】，进入页眉和页脚编辑状态；在第一页的页眉处输入“气象科普小知识”后，选中页眉文字“气象科普小知识”，单击【开始】选项卡，在【段落】组中单击【边框和底纹】，打开【边框和底纹】下拉列表，选择其中的【无框线】；将光标定位到偶页页眉处，以相同的方法设置偶页页眉为“幻灯片的基本制作”，并去除偶页页眉的横线，如图 3.24 所示。

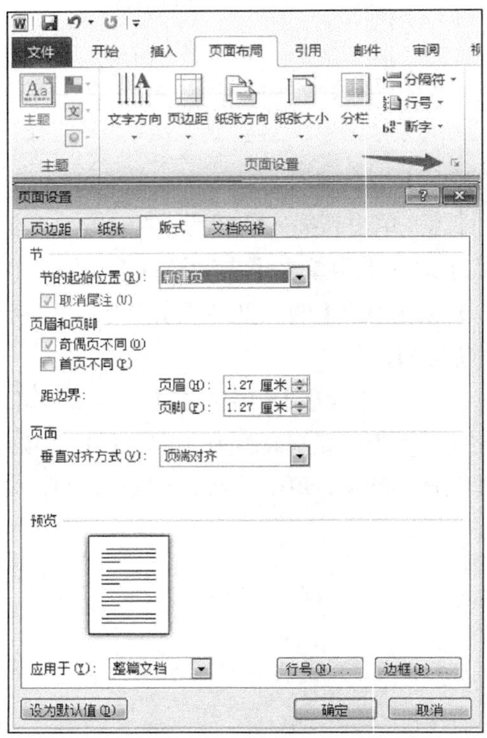

图 3.23　页面设置

③ 将光标定位到奇页页脚处，单击【页眉和页脚工具设计】选项卡中【插入】组中的【文档部件】按钮，在下拉列表中选择【域（F）…】，选择【FileName】，如图 3.25 所示。

将光标定位到偶页页脚处，以相同的方法设置偶页页脚为【Author】。

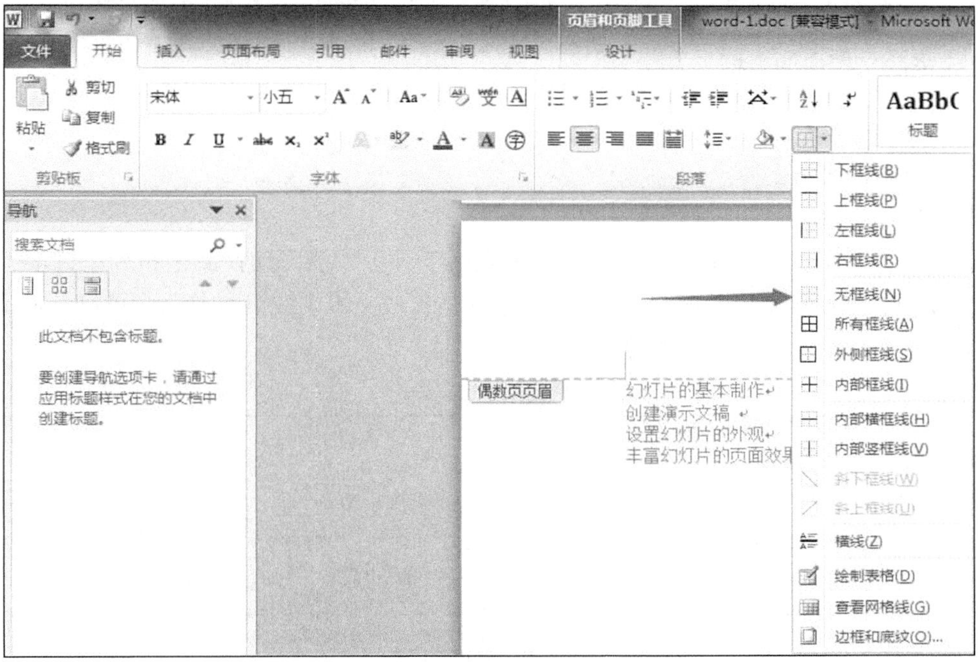

图 3.24 边框和底纹

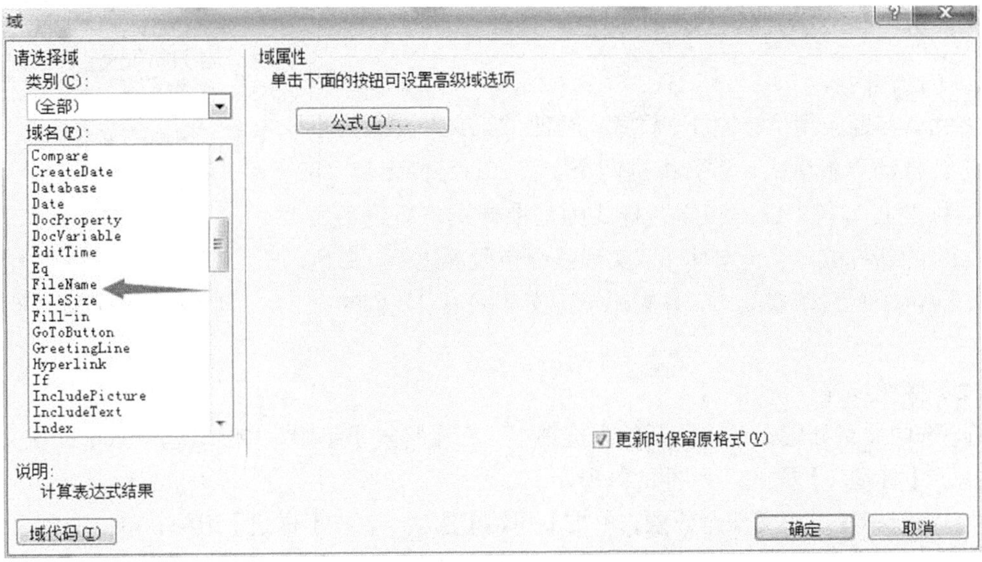

图 3.25 文档部件对话框

④ 保存并关闭文档。

【项目 3.2】文档“初生的地球”格式排版

打开”素材 3”文件夹中的文件“word-2.doc”，按下列格式编排要求进行操作。

1．去除文档中的表框

（1）操作内容

将文档中的表框去掉。

（2）操作步骤

单击表框左上角的抓柄选中表框，在【表格工具】功能区切换到【布局】选项卡，如图 3.26 所示，然后单击【数据】分组中的【表格转换成文本】按钮,转换选项取默认值，直接单击【确定】按钮返回即可，如图 3.27 所示。

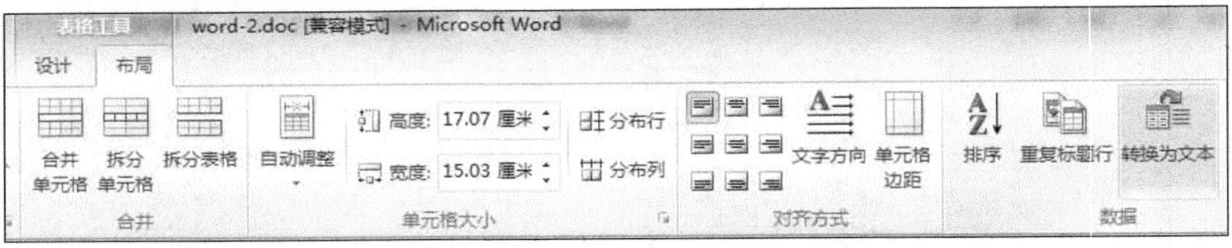

图 3.26　布局选项卡

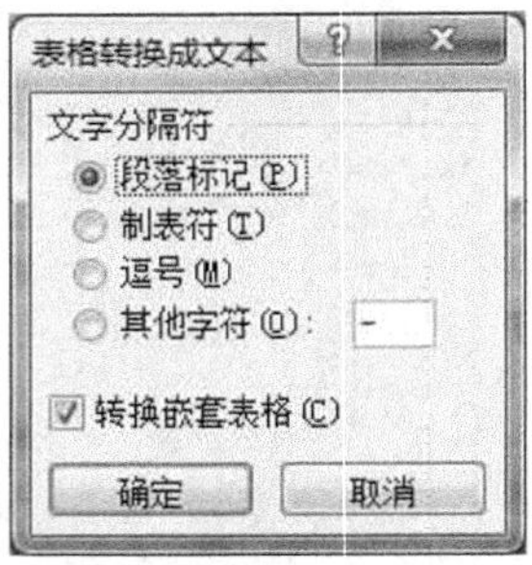

图 3.27　表格转换成文本

2．应用样式、修改样式及新建样式

（1）操作内容

将文章标题应用“标题 1”样式；修改“正文”样式为小四字号，自动更新格式，首行缩进两个字符，行距固定值 20 磅；副标题右对齐；以“正文”样式为基准样式，新建名为“WD02”的新样式（红色字体，双实线浅绿色段落边框，白色背景 1 深色 25%段落底纹。)，并应用于正文第一段“我们的行星……”。

（2）操作步骤

① 选中文章标题，单击【开始】选项卡，在【样式】组中，单击【标题 1】即使文章标题应用了【标题 1】样式，如图 3.28 所示。

② 将光标置于正文任意位置，单击【开始】选项卡，在【样式】组中，单击【更改样式】按钮，在下拉列表中选择【段落间距】的【自定义段落间距】，弹出【管理样式】对话框，如图 3.29 所示。

③ 在【管理样式】对话框中的【字号】下拉列表中选择【小四】，如图 3.30 所示。

④ 在【段落位置】的特殊格式下设置【首行缩进】、【磅值】为2字符，行距【固定值】为20磅，如图3.31所示。

⑤ 将光标置于正文第一段“我们的行星……”中的任意位置，单击【样式】组中的【样式】按钮在下拉列表中选择【新建样式】，打开【新建样式】对话框，如图3.32所示。

⑥ 在【新建样式】对话框的【名称】处输入新样式名“WD02”，单击左下角的【格式】按钮，选择【字体】选项，打开【字体】对话框，如图3.33所示。

⑦ 在【字体】对话框中设置红色字体，单击【确定】按钮返回【新建样式】对话框；单击【新建样式】对话框左下角的【边框】，打开【边框和底纹】对话框，如图3.34所示。

图3.28　样式组

图3.29　管理样式对话框

图 3.30　设置字号

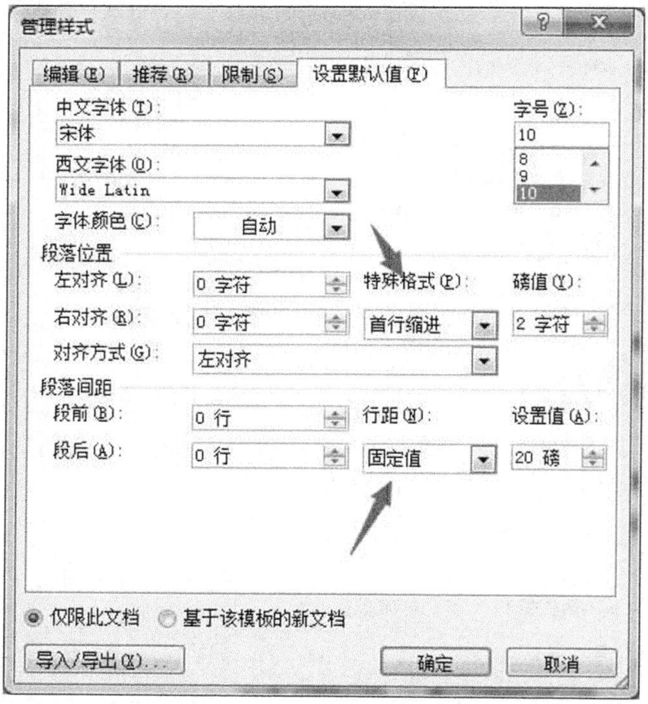

图 3.31　首行缩进

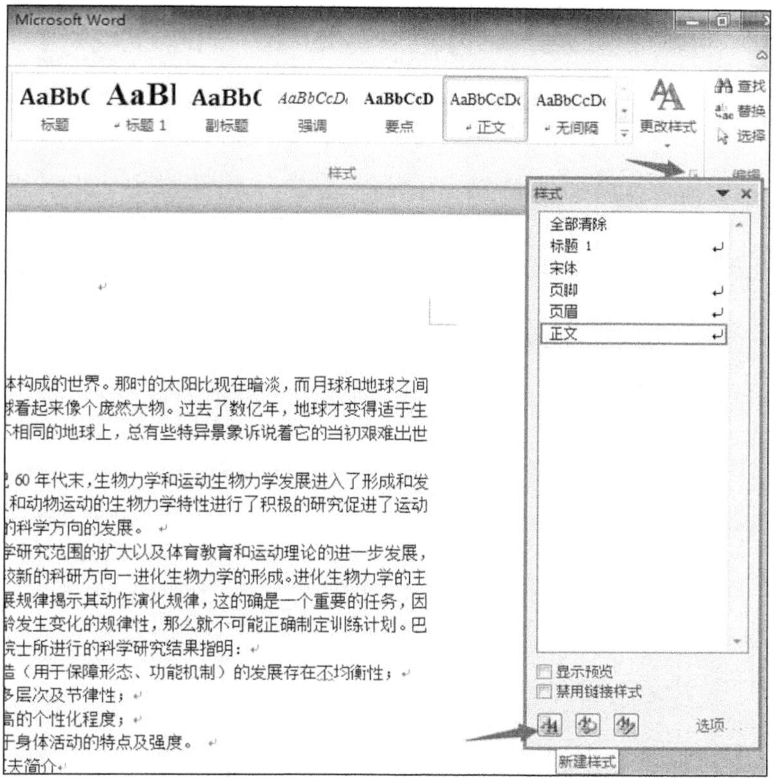

图 3.32　新建样式按钮

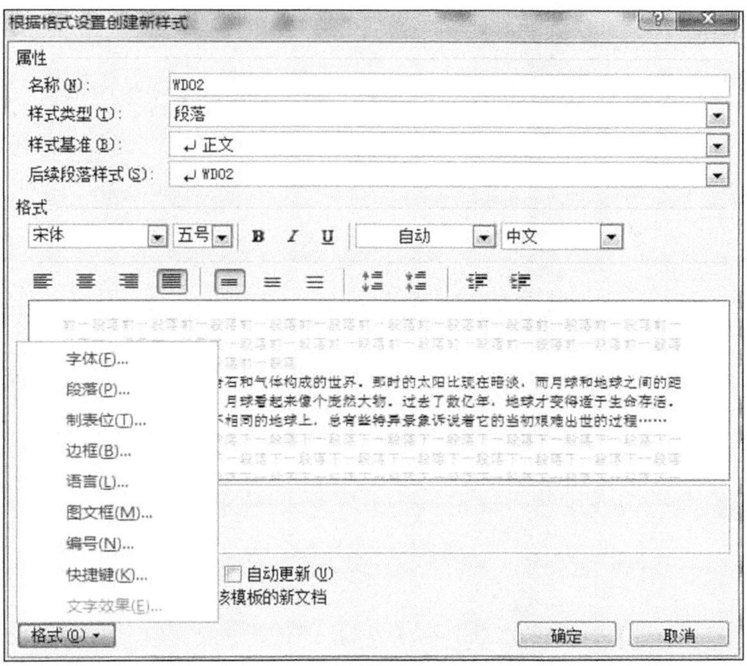

图 3.33　字体对话框

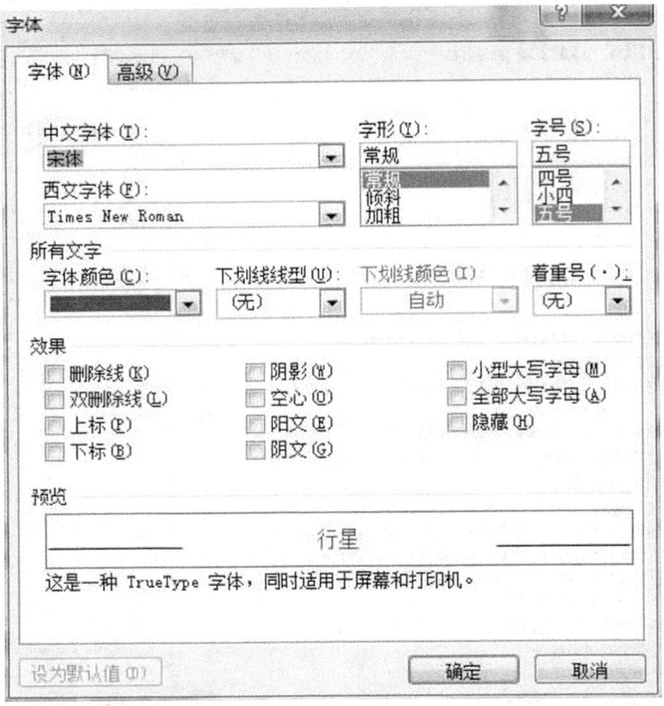

图 3.34　边框和底纹对话框

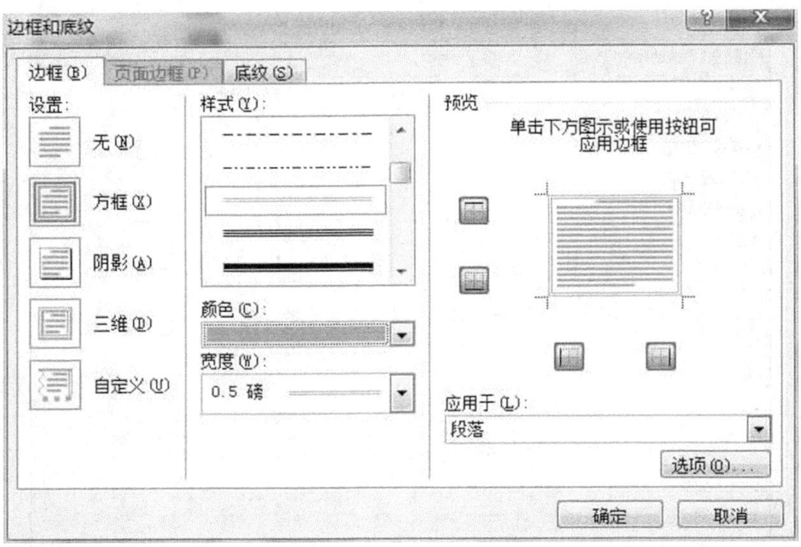

图 3.35　设置边框

⑧ 在【边框和底纹】对话框的【边框】选项卡设置“双实线、浅绿、段落、方框”，如图 3.35 所示。在【底纹】选项卡中设置【白色背景 1 深色 25%】，选择【应用于】【段落】，单击【确定】按钮返回，如图 3.36 所示。

⑨ 选中正文第一段"我们的行星……",单击【开始】选项卡,选择【样式】组中的【WD02】,即使第一段应用了【WD02】样式,如图 3.37 所示。

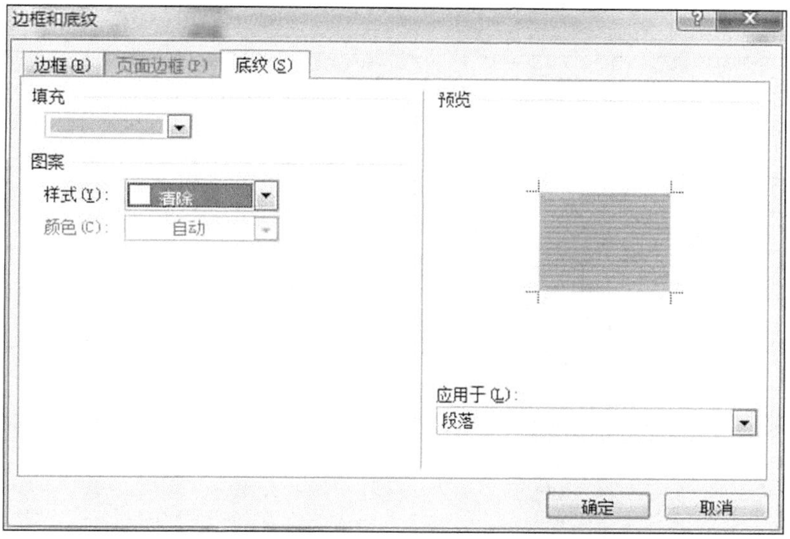

图 3.36　设置图案

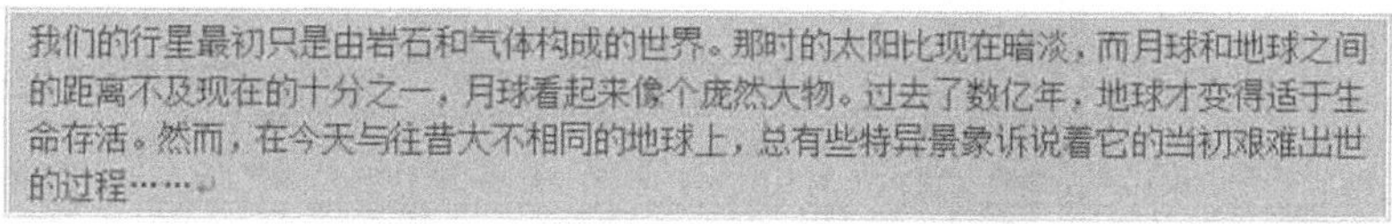
我们的行星最初只是由岩石和气体构成的世界。那时的太阳比现在暗淡,而月球和地球之间的距离不及现在的十分之一,月球看起来像个庞然大物。过去了数亿年,地球才变得适于生命存活。然而,在今天与往昔大不相同的地球上,总有些特异景象诉说着它的当初艰难出世的过程……

图 3.37　应用样式

3. 添加编号

(1)操作内容

将正文第 16 至 20 行("个体发育中人运动机能……特点及强度。")添加编号"Ⅰ、Ⅱ、Ⅲ、Ⅳ、Ⅴ"。

(2)操作步骤

① 选中正文第 16 至 20 行("个体发育中人运动机能……特点及强度。"),单击【开始】选项卡,在【段落】组中选择【编号】,在下拉列表中选择【定义新编号格式(D)…】按钮,如图 3.38 所示,弹出【定义新编号格式】对话框。

② 在【定义新编号格式】对话框中的【编号样式】下拉选择【Ⅰ,Ⅱ,Ⅲ,…】,按【确定】按钮返回即可,如图 3.39 所示。

4. 插入批注

(1)操作内容

在第 21 行"艾萨克•阿西莫夫"处插入批注"美国人"。

（2）操作步骤

① 选中第 21 行“艾萨克•阿西莫夫”，单击【审阅】选项卡，单击【新建批注】，如图 3.40 所示。

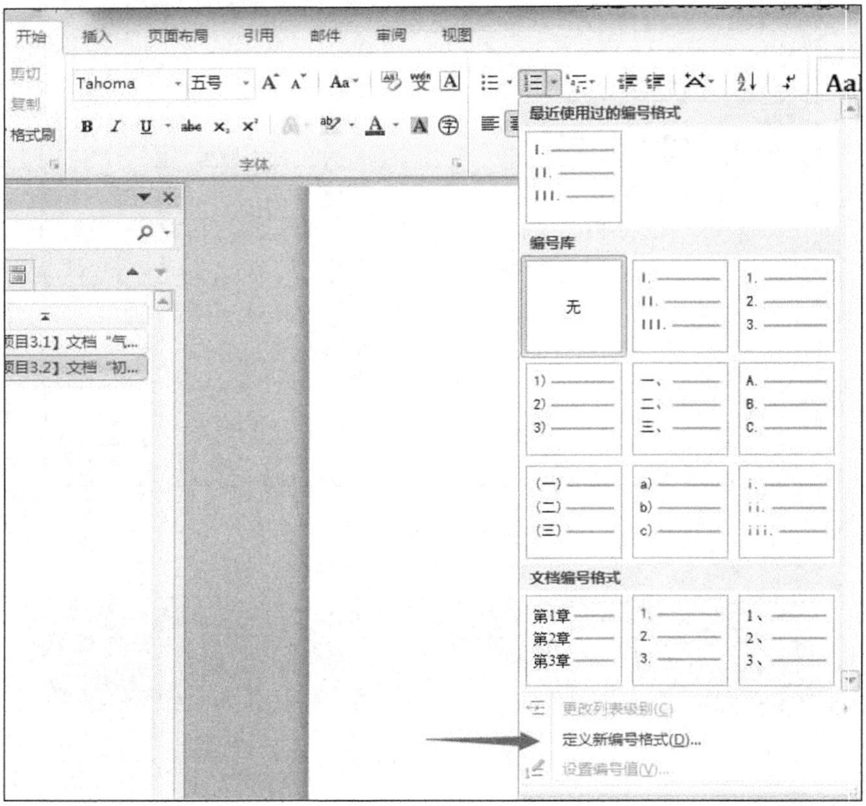

图 3.38　定义新编号格式按钮

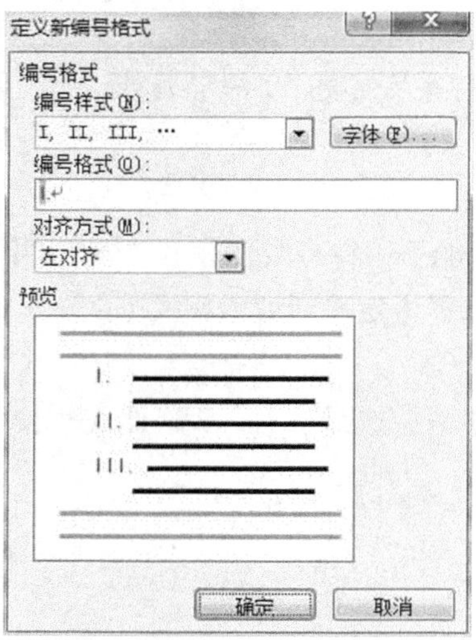

图 3.39　编号样式

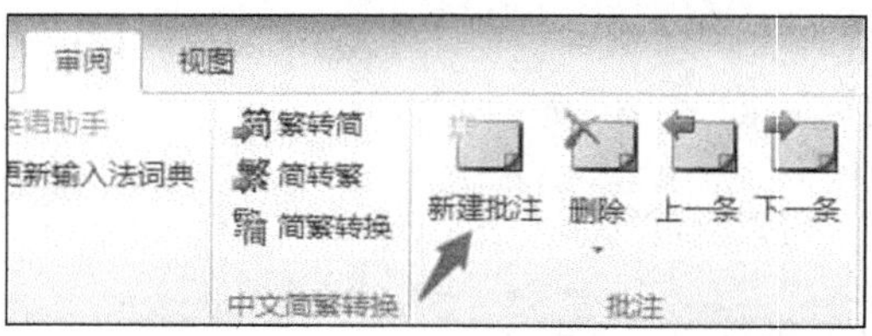

图 3.40　新建批注按钮

② 在正文右侧出现的批注框内，输入批注“美国”，如图 3.41 所示。

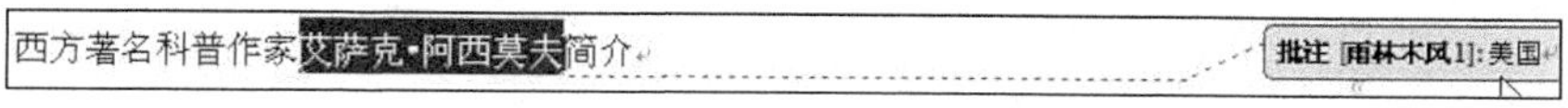

图 3.41 插入批注

5．带格式的替换

（1）操作内容

将文档中的所有“科幻”替换成字体颜色为粉红色（自定义 RGB 值为 255，0，255）的“科学幻想”，并加着重号。

（2）操作步骤

① 光标置于文档的任意位置（切勿选中部分文档），单击【开始】选项卡，单击【编辑】组中的【替换】按钮，打开【查找和替换】对话框，输入【查找内容】和【替换为】的内容，如图 3.42 所示；在【查找和替换】对话框中，单击【更多】按钮，打开【查找和替换】高级对话框。

图 3.42 查找和替换对话框

② 在【查找和替换】高级对话框中，首先需用鼠标划选【替换为】的文本“科学幻想”，如图 3.43 所示。再单击【格式】按钮，打开【替换字体】对话框；在【替换字体】对话框中选择字体颜色为粉红色（自定义 RGB 的值为 255，0，255），加着重号，按【确定】按钮返回，如图 3.44 所示。

③ 在返回的【查找和替换】对话框中，务必检查以下内容：在【查找内容】项目下的格式处必需为空、在【替换为】项目下的格式处有所需的替换后格式“字体颜色：粉红，点”，方可单击【全部替换】按钮进行替换操作，如图 3.45 所示。

④ 图 3.46 所示为替换操作中常见的错误，把替换后的格式错误地加在了【查找内容】的文本“科幻”上。解决此类情况的方法：先选中【查找内容】项下的文本“科幻”，再单击【不限定格式】按钮；重新选中【替换为】项目下的文本“科学幻想”，并设置其格式，如图 3.46 所示。

图 3.43　设置替换字体格式-1

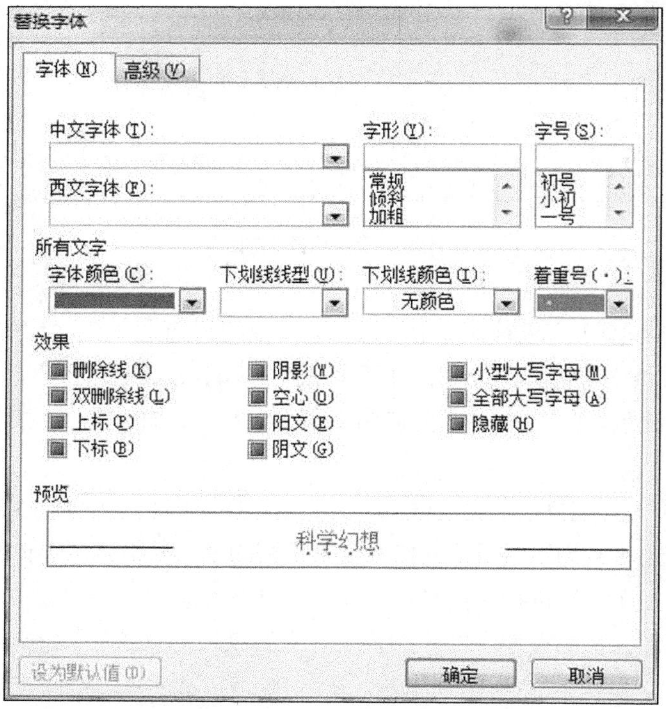

图 3.44　设置替换字体格式-2

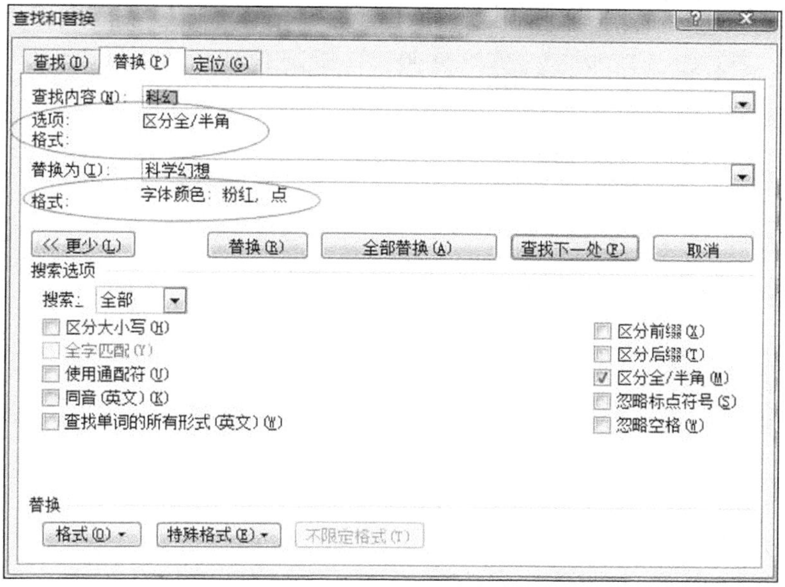

图 3.45 设置替换字体格式-3

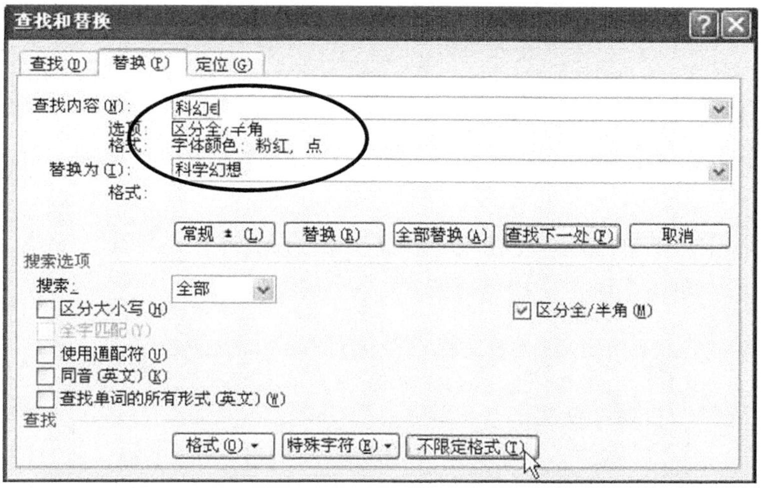

图 3.46 设置替换字体格式-4

6．更改大小写

（1）操作内容

将倒数第 3 段的英文段落中的各英文句首换成大写。

（2）操作步骤

① 选中倒数第 3 段的英文段落，单击【开始】选项卡，单击【字体】组中的【更改大小写】按钮，打开【更改大小写】下拉列表，如图 3.47 所示。

② 在【更改大小写】下拉列表中，选中【句首字母大写】。

图 3.47　更改大小写

7．分栏

（1）操作内容

将正文第二段“现代生物学……科学方向的发展”分成等宽的 2 栏，栏间加分隔线，栏间距 2 字符。

（2）操作步骤

① 选中正文第二段“现代生物学……科学方向的发展”，单击【页面布局】选项卡，单击【页面设置】组里的【分栏】按钮，在下拉菜单中选择【更多分栏(C)…】，弹出分栏对话框，如图 3.48 所示。

② 在【分栏】对话框中选择【预设】项目下的【两栏】及选中【分隔线】复选框，设置【间距】为 2 字符，单击【确定】按钮返回。

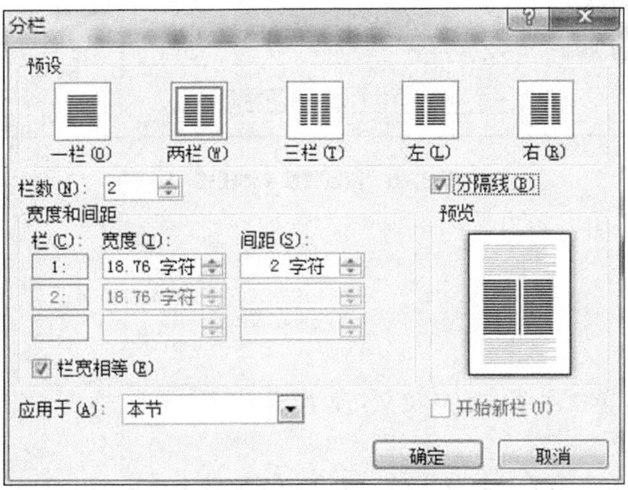

图 3.48　分栏

8．插入页码

（1）操作内容

在页脚插入形如“第 X 页，共 Y 页”的页码，居中对齐。

（2）操作步骤

① 单击【插入】选项卡，在【页眉和页脚】组中单击【页脚】按钮，在下拉列表中选择编辑页脚，如图 3.49 所示。

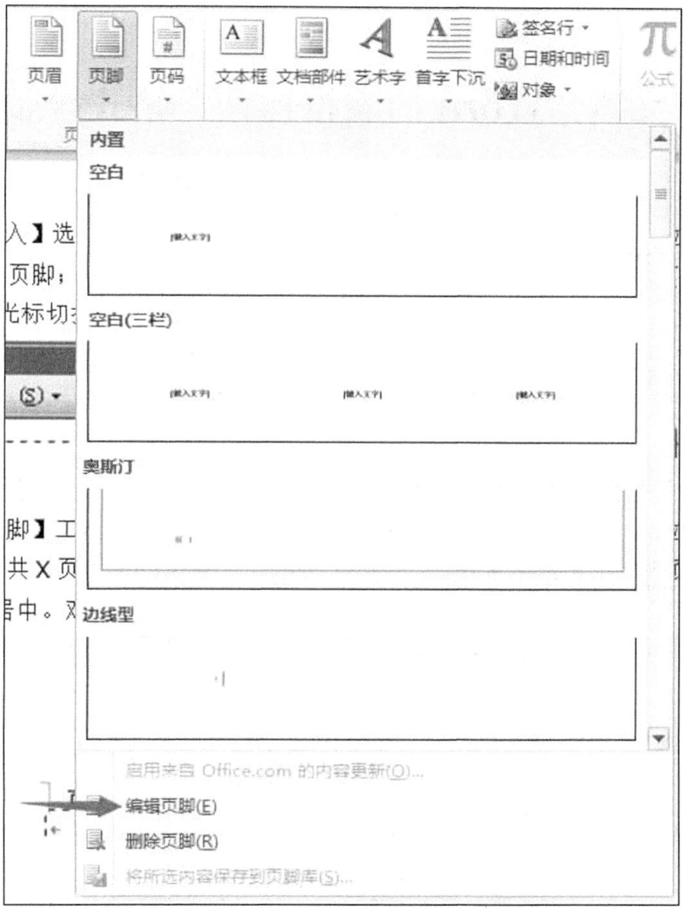

图 3.49　编辑页脚

② 输入“第页 共页”，把光标移到“第”“页”之间，按 Ctrl+F9，会出现“{}”，在“{}”里写入单词 page，把光标移到“共”“页”之间，按 Ctrl+F9，会出现“{}”，在“{}”里写入单词 numpages，再按两次 Alt+F9，此时就可以看到刚才的域代码起作用了，单击【开始】选项卡中【段落】组中的【居中】按钮设置为居中，如图 3.50 所示。双击正文任意位置返回正文。

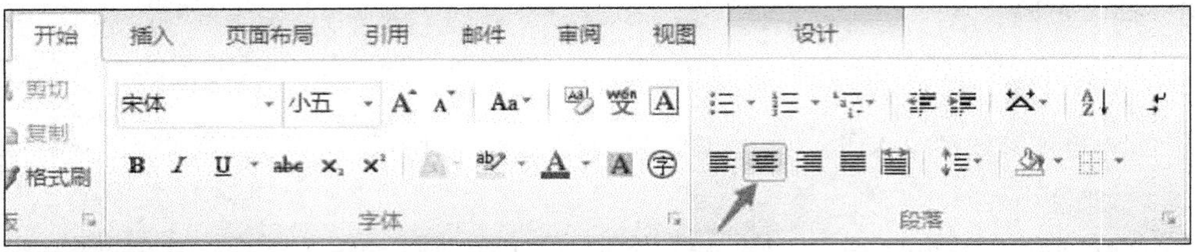

图 3.50　居中

保存并关闭文档。

【项目 3.3】文档“Word 的表格操作”格式排版

打开”素材 3”文件夹中的文件“word-3.doc”，按下列格式编排要求进行操作。

1．表格与文本相互转换

（1）操作内容

将“网络文明公约”段落下面的表格转换为文本，转换选项取默认值；将“表格操作要点”段落下面的三行文字“计算机领域……声道数”转换为三行四列的表格。

（2）操作步骤

① 单击“网络文明公约”段落下面表格左上角的抓柄选中全表，在【表格工具】功能区中切换到【布局】选项卡，然后单击【数据】组中的【转换为文本】按钮，如图 3.51 所示。因转换选项取默认值，直接单击【确定】按钮返回即可，如图 3.52 所示。

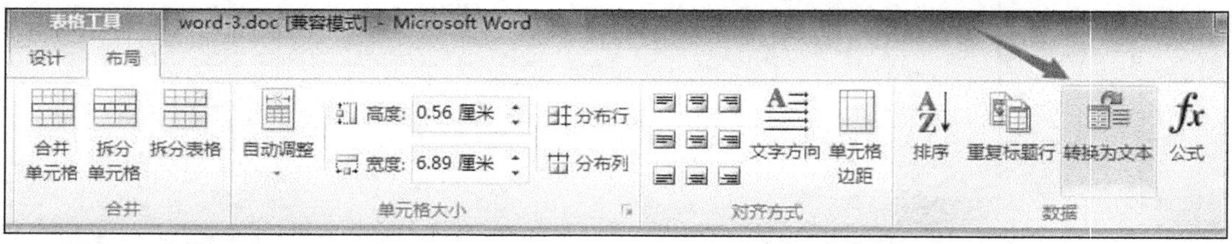

图 3.51　转换为文本

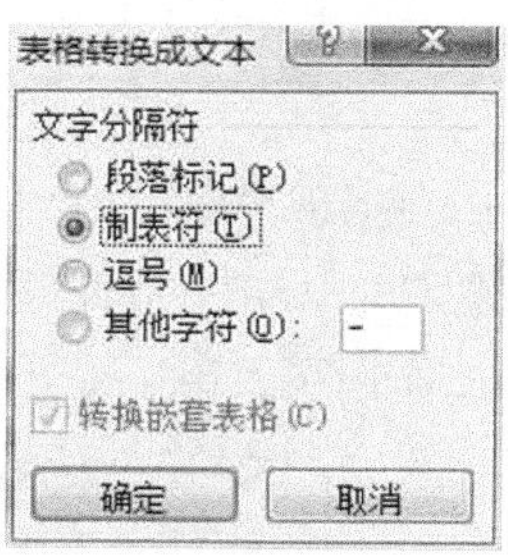

图 3.52　文字分隔符

② 选中“表格操作要点”段落下面的三行文字“计算机领域……声道数”，单击菜单中的【插入】选项卡，单击【表格】按钮，在下拉列表中选择【文本转换成表格 V…】，弹出【将文字转换成表格】对话框，如图 3.53 所示；在对话框中已自动识别应该转换为三行四列的表格，直接单击【确定】按钮返回即可。

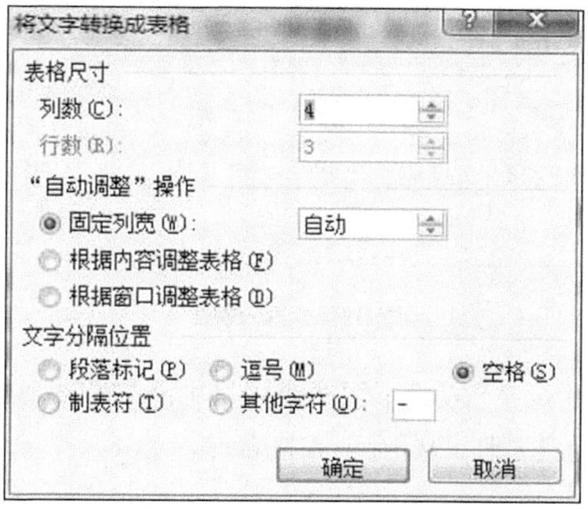

图 3.53　设置行数列数

2．表格自动套用格式

（1）操作内容

将“表格操作要点”段落下面新生成的三行四列表格自动套用【典雅型】格式。

（2）操作步骤

单击“表格操作要点”段落下面表格左上角的抓柄选中全表，单击【表格工具】的【设计】选项，在其中选择表格样式为【典雅型】，如图 3.54 所示。

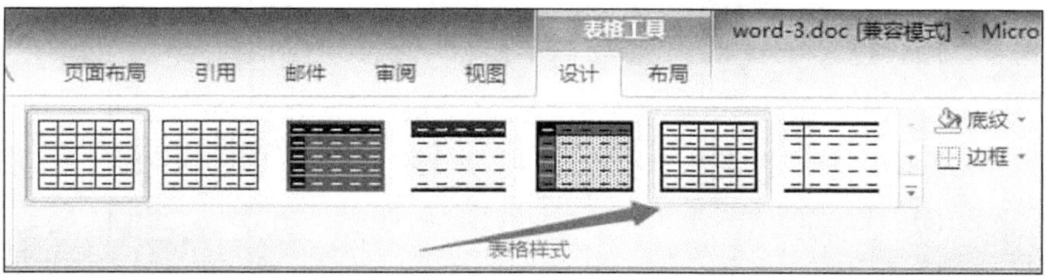

图 3.54　表格样式

3．表格的合并与拆分

（1）操作内容

将“表格的拆分”段落下面的表格拆分为上下两个表格，以“地址”列的北京和深圳为分界；将“表格的合并”段落下面的两个表格合并为一个五行三列的表格。

（2）操作步骤

① 将光标置于“表格的拆分”段落下表的第四行任一单元格处，单击【表格工具】的【布局】选项，在其中选择【拆分表格】即可，如图 3.55 所示。

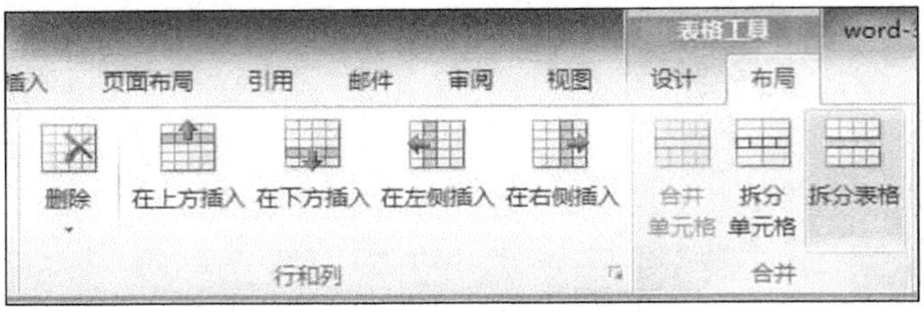

图 3.55　拆分表格

② 将光标置于“表格的合并”段落下面两个表格中间的空段落标志处，按键盘上的 Delete 键，将两表中间的空段落标志删除即可实现表格合并。

4．表格的创建、单元格的合并与拆分、设置行高列宽、对齐方式、斜线表头

（1）操作内容

创建图 3.56 所示的 6×7 表格，第一行行高 1.6cm，其他行行高 1.2cm，所有列列宽 1.8cm；第一列为竖排文字方向；表格居中，表中所有的数据水平垂直居中，楷体小三号字，效果如图 3.56 所示。

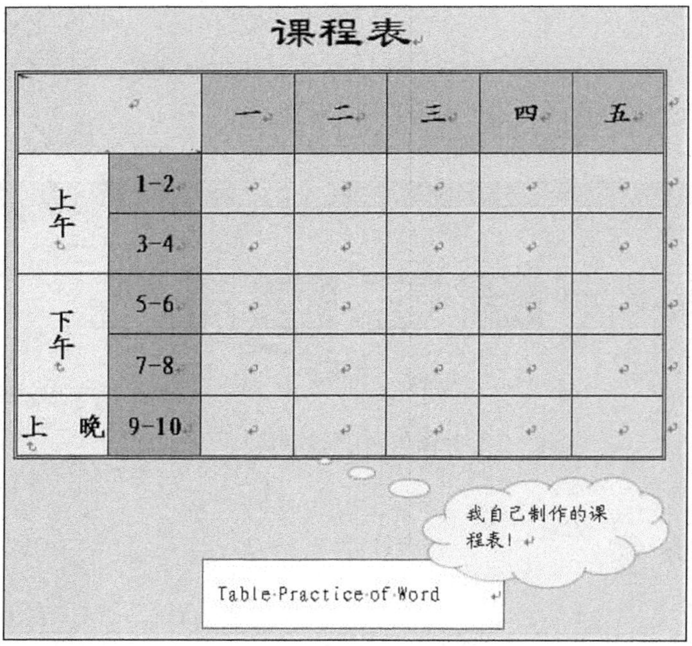

图 3.56　表格例子

（2）操作步骤

① 先将光标定位于文本“课程表”下方空段落中，单击【插入】选项卡中的【表格】按钮，选择【插入表格】，打开【插入表格】对话框，如图 3.57 所示。

② 在【插入表格】对话框中，设定行 6 列 7，单击【确定】按钮插入表格，如图 3.58 所示。也可以通过“表格”按钮的【插入表格】按钮来快速插入 6×7 表格，如图 3.59 所示。

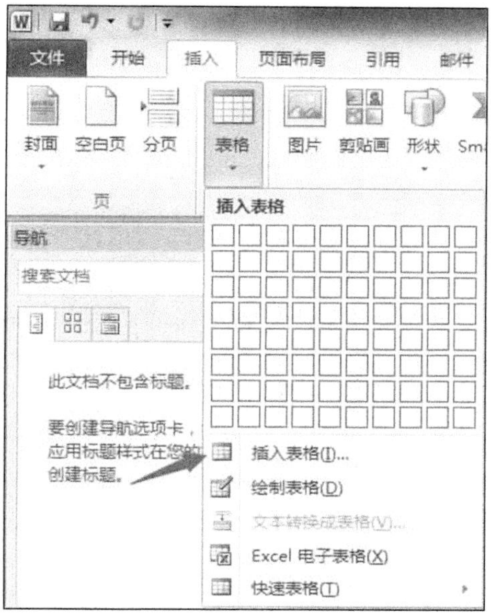

图 3.57　插入表格按钮

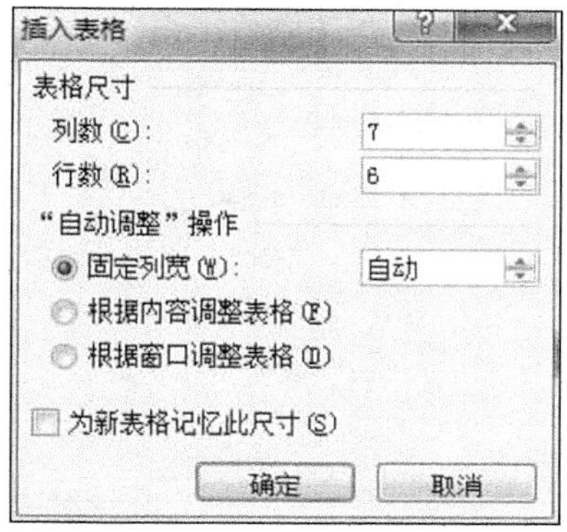

图 3.58　设置行数列数

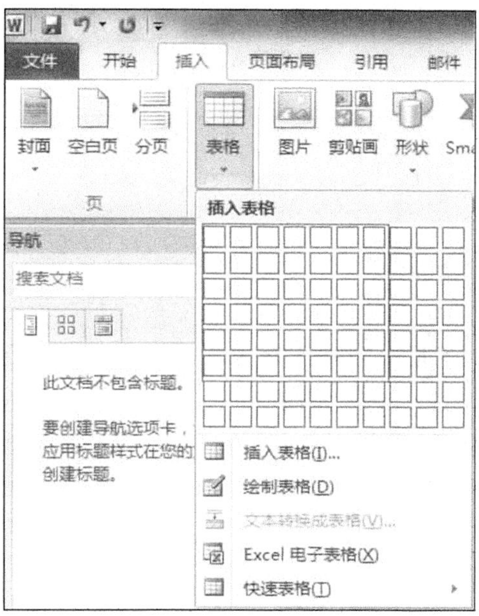

图 3.59　插入表格

③ 选中表格的第一行，在右键快捷菜单中选择【表格属性】，打开【表格属性】对话框，如图 3.60 所示。

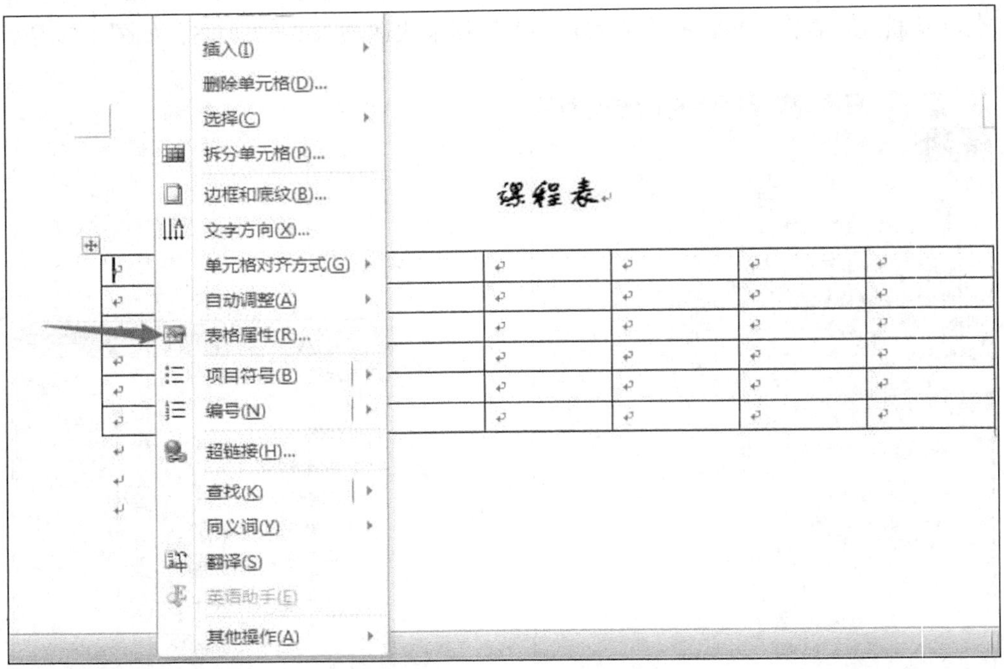

图 3.60　表格属性按钮

④ 在【表格属性】对话框中，设定第一行的高度为 1.6 厘米；使用相同的方法设定 2～6 行的行高为 1.2cm，所有列列宽 1.8cm，如图 3.61 所示。

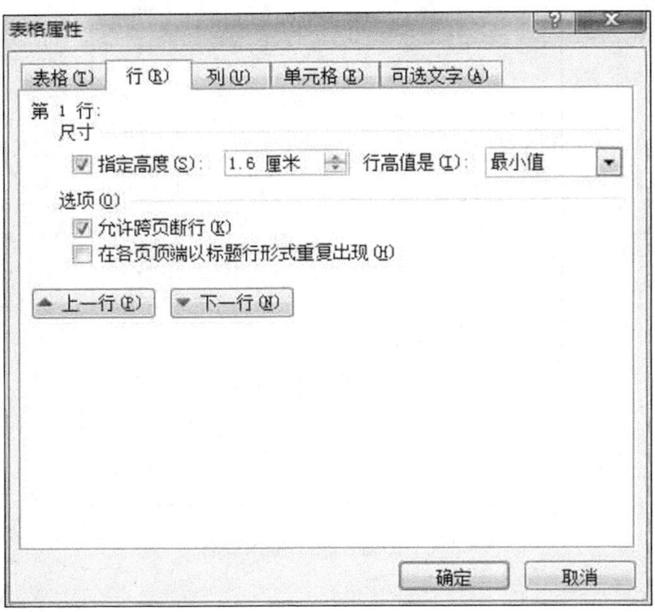

图 3.61　设置行高

⑤ 拖曳鼠标选中第一列的 2、3 单元格，在右键快捷菜单中选择【合并单元格】，如图 3.62 所示；使用相同的方法合并第一列的 4、5 单元格。

⑥ 拖曳鼠标选中第一列的 2、3、4 单元格，在右键快捷菜单中选择【文字方向】，如图 3.63 所示；在【文字方向】对话框中选择竖排的文字方向，如图 3.64 所示。

⑦ 单击表格左上角的“表格抓柄”选中全表，在右键快捷菜单中选择【单元格对齐方式】，在下一级菜单中选择正中的选项，如图 3.65 所示。

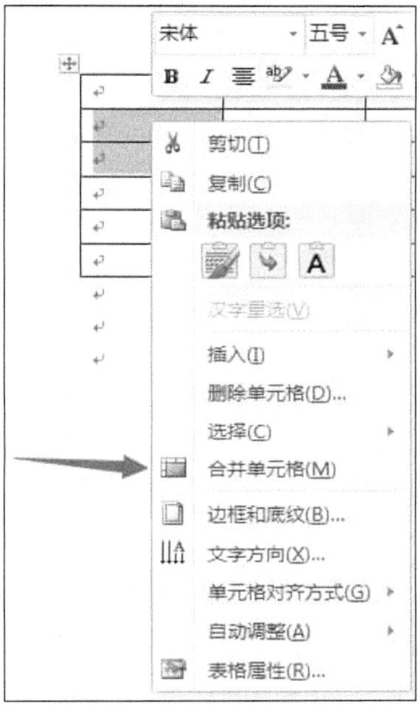

图 3.62 合并单元格按钮

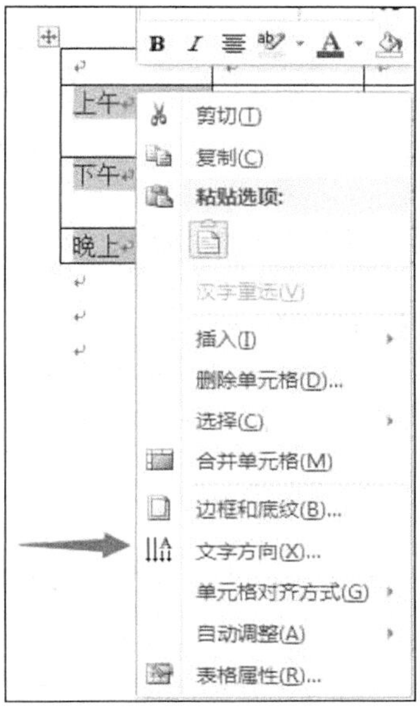

图 3.63 文字方向按钮

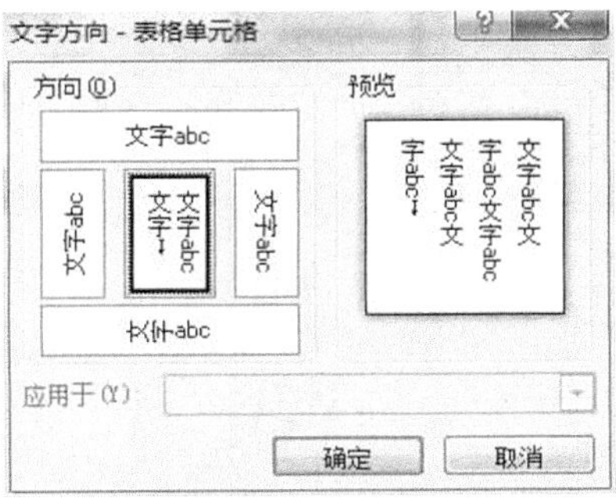

图 3.64 文字方向选择

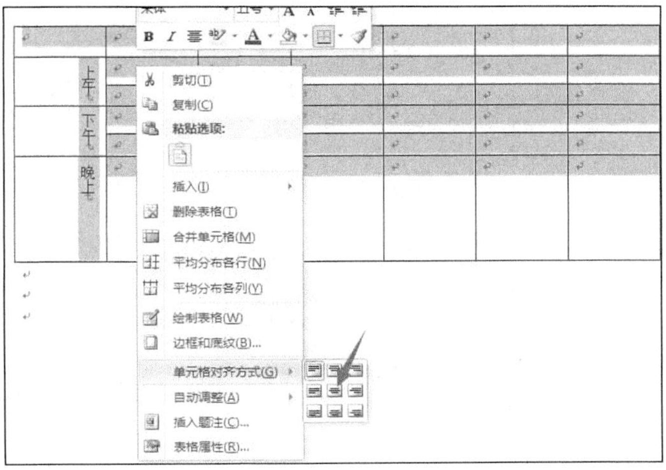

图 3.65 单元格对齐方式

完成后的效果如图 3.66 所示。

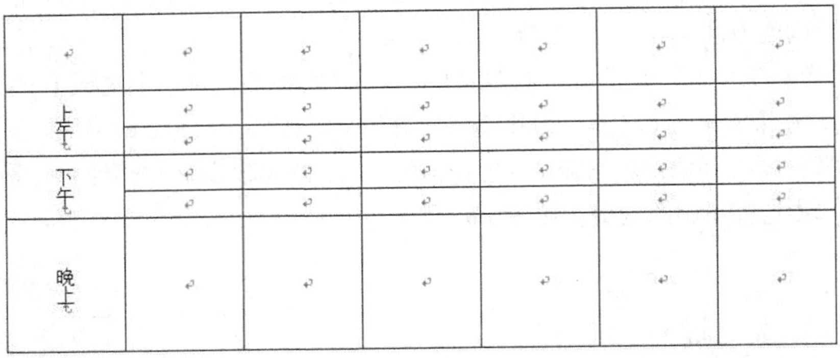

上午						
下午						
晚上						

图 3.66　表格例子

5．表格的边框和底纹

（1）操作内容

表格外框线为 1.5 磅蓝色双实线，内框线为 0.5 单实线；第一行“白色背景 1 深色 25%”底纹，第一列“橄榄色，强调文字颜色 3，淡色 40%”底纹，第二列“紫色，强调文字颜色 4，淡色 40%”底纹。

（2）操作步骤

① 单击表格左上角的“表格抓柄”选中全表，单击【表格工具设计】选项卡，在【表格样式】组中单击【边框】按钮，在下拉列表中选择【边框和底纹】，打开【边框和底纹】对话框；在打开的【边框和底纹】对话框中的【边框】选项卡内，先在中间这一列选择宽度为 1.5 磅蓝色双实线，再选择左列【设置】中的【方框】，如图 3.67 所示。

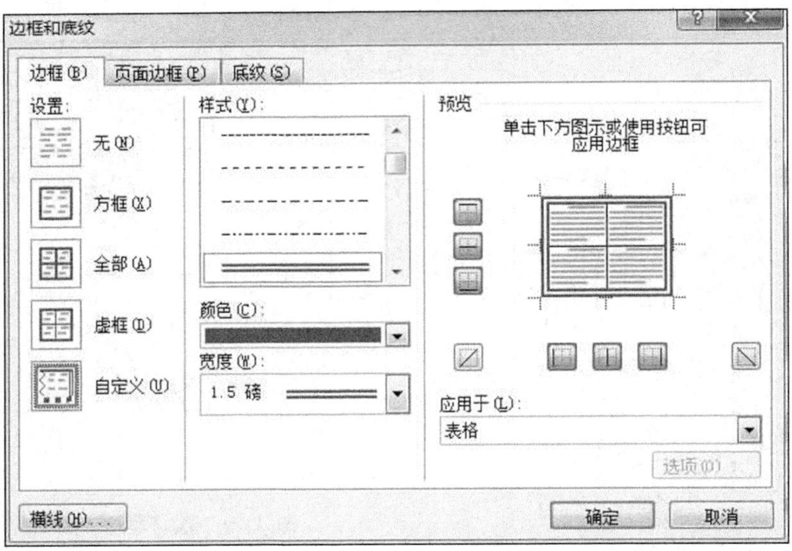

图 3.67　设置边框-1

② 再选择左列【设置】中的【自定义】；在中列位置设置宽度为 0.5 磅的单实线；通过右列的【内框横线】和【内框竖线】按钮来设置相应的内框线为 0.5 磅单实线，如图 3.68 所示。

③ 拖曳鼠标选中第一行，单击【表格工具设计】选项卡，在【表格样式】组中单击【边框】按钮，在下拉列表中选择【边框和底纹】；在打开的【边框和底纹】对话框中的【底纹】选项卡内，在【填充】部分选择【白色背景 1 深色 25%】，如图 3.69 所示。

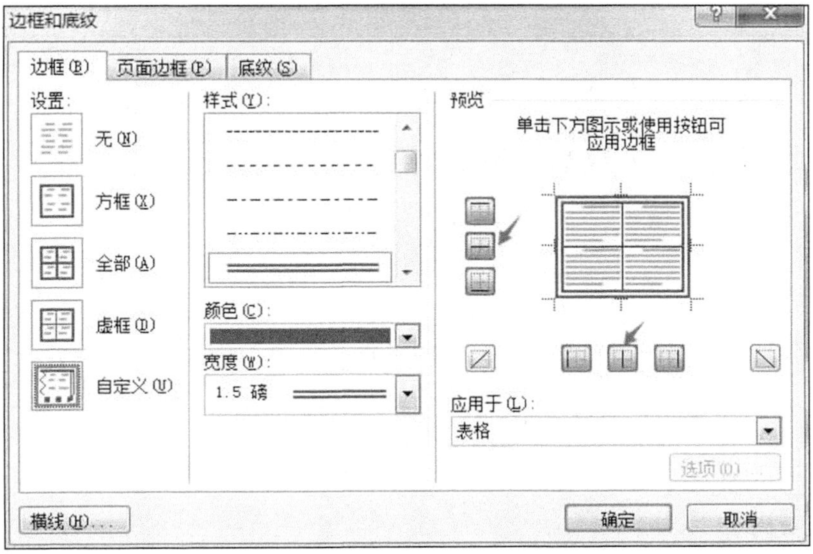

图 3.68　设置边框-2

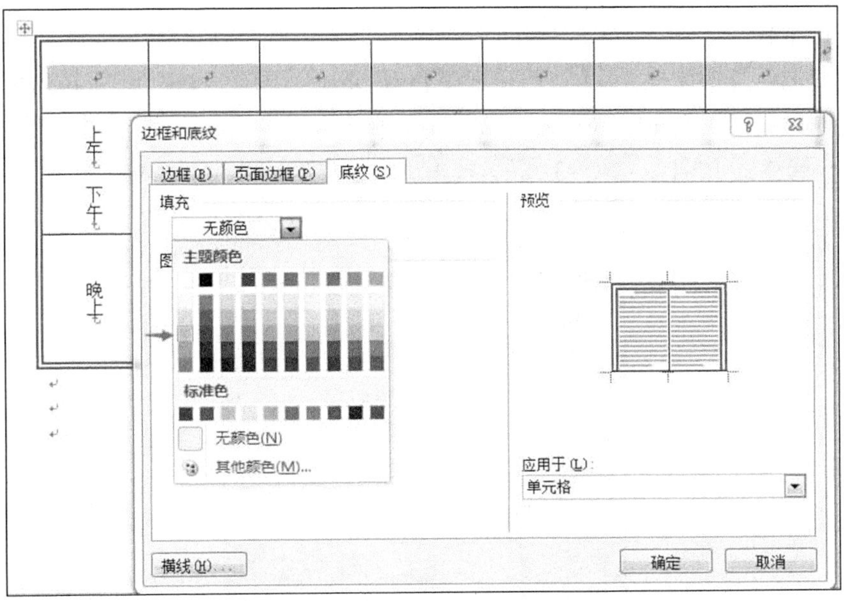

图 3.69　设置底纹-1

④ 重复上述相同的步骤来设定第一列“橄榄色，强调文字颜色 3，淡色 40%”底纹和第二列“紫色，强调文字颜色 4，淡色 40%”底纹，如图 3.70 所示。

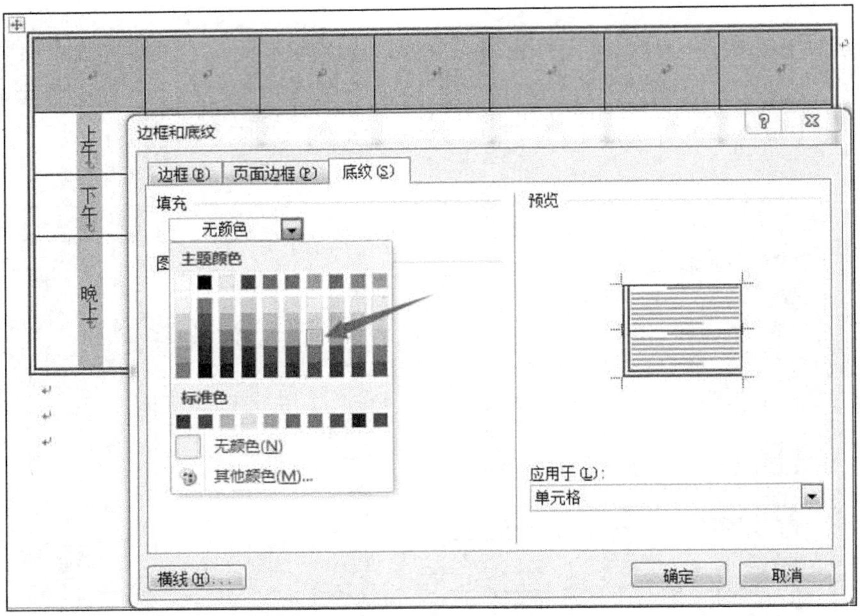

图 3.70　设置底纹-2

6. 插入页码

（1）操作内容

在页脚插入形如“-1-、-2-、-3-…”的页码，居中对齐。

（2）操作步骤

① 单击【插入】选项卡，在【页眉和页脚】组中单击【页码】按钮，在下拉列表中选择【设置页码格式（F）…】，弹出【页码格式】对话框；在【页码格式】对话框的【编号格式】项中，下拉选择【编号格式】“-1-，-2-，-3-…”，按【确定】按钮返回，如图 3.71 所示。

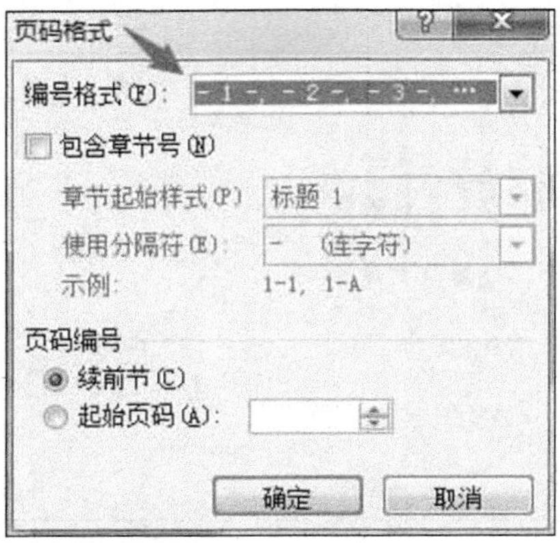

图 3.71　设置编号格式

② 单击【插入】选项卡，在【页眉和页脚】组中单击【页码】按钮，在下拉列表中选择【页码底端】，在下一级的列表中选择【普通数字 2】，如图 3.72 所示。

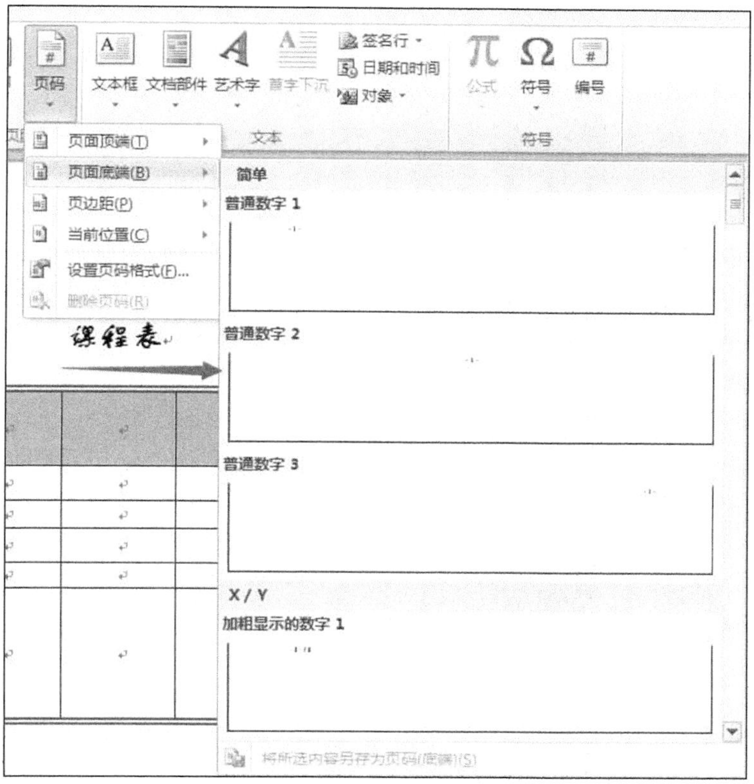

图 3.72　插入页码

7. 单独设定某段落的每行字符数

（1）操作内容

将文档的第二段字符“表格是编辑文档的……”设置为每行 30 字符。

（2）操作步骤

① 将光标置于第二段段首“表格是编辑文档的……”左侧，单击【页面布局】选项卡，在【页面设置】组中单击【分隔符】按钮，在下拉列表中选择【分节符】下的【连续】；重复相同的动作，在第三段段首“Windows 2003 表格处理……”处插入连续型分节符，如图 3.73 所示。

② 将光标置于第二段“表格是编辑文档的……”内，单击【页面布局】选项卡，在【页面设置】组中单击【页面设置】按钮，在【页面设置】对话框中选择【文档网格】选项卡中设定：【网格】项为【指定行和字符网格】，【字符】项为【每行 30】，如图 3.74 所示。

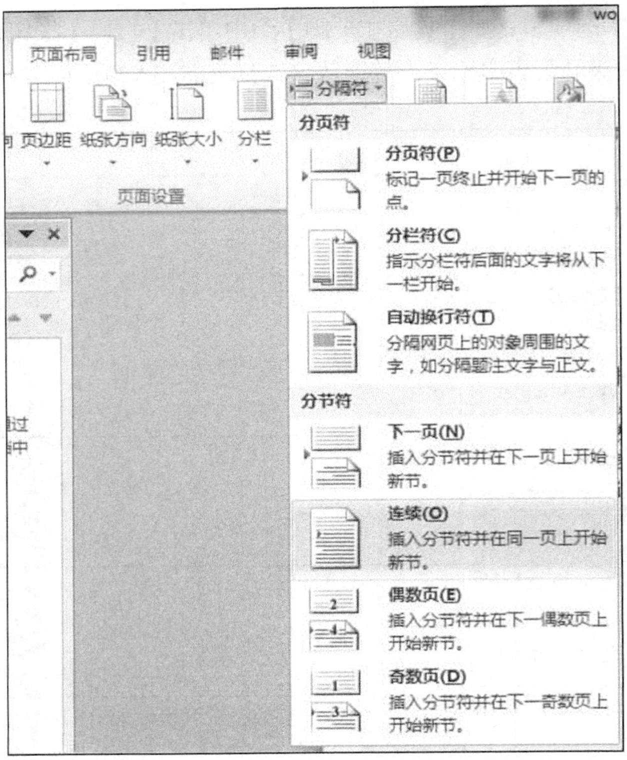

图 3.73　分隔符设置

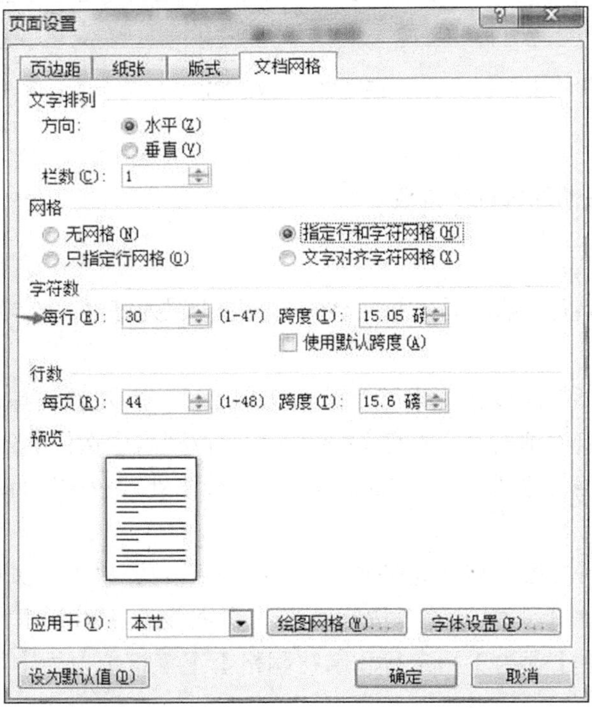

图 3.74　页面设置

最终效果如图 3.75 所示。

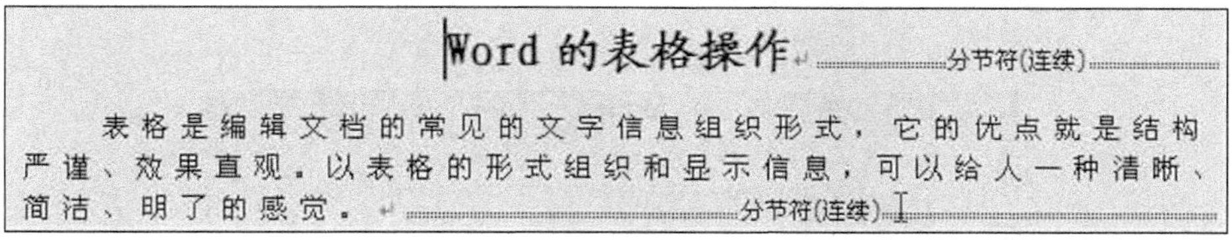

图 3.75 文档示例

8．基本图形的绘制

（1）操作内容

如图 3.56 所示，在“课程表”的右下方加上云型标注，标注内容为“我自己制作的课程表!”，标注中填充“橄榄色，强调文字颜色 3，淡色 40%”，轮廓设置为“红色，强调文字颜色 2，淡色 40%”，标注字体采用 5 号的楷体；在表格下方添加一个文本框，设置红色框线，文本框中添加英文“Table Practice of Word”，字体采用小四号的楷体；将文本框置于云型标注的下面一层，最后，将两个图形组合成为一个整体。

（2）操作步骤

① 单击【插入】选项卡，在【插图】组中单击【形状】按钮，在下拉列表的【标注】下选择【云形标注】，通过鼠标拖曳画出云形标注；在云形标注内输入内容为“我自己制作的课程表!”，选中文字后，通过【开始】选项卡下【字体】组中的按钮快速设置标注字体为 5 号的楷体，如图 3.76 所示。

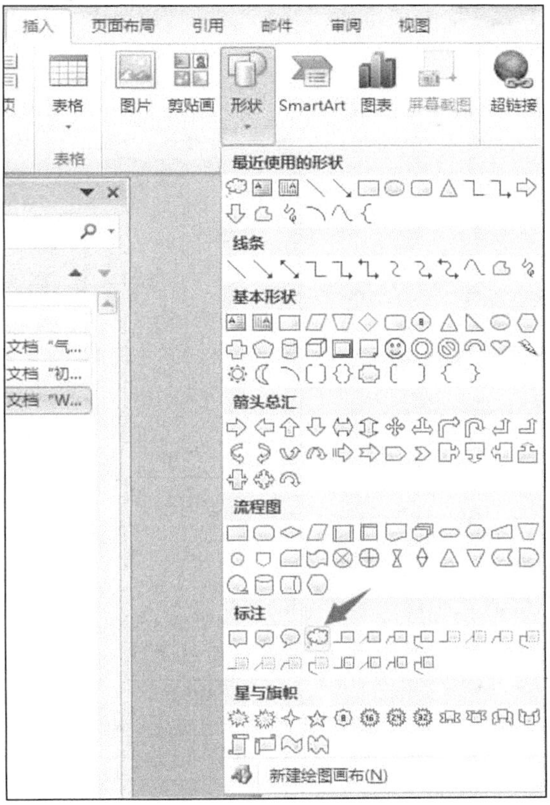

图 3.76 插入标注

② 双击云形标注的占位符，在【文本框工具格式】选项卡中的【文本框样式】组中，单击【形状填充】，在下拉列表中选“橄榄色，强调文字颜色 3，淡色 40%”，如图 3.77 所示；在【文本框工具格式】选项卡中的【文本框样式】组中，单击【形状轮廓】，在下拉列表中选“红色，强调文字颜色 2，淡色 40%”。

③ 单击【插入】选项卡，在【文本】组中，单击【文本框】按钮，在下拉列表中选择【绘制文本框（D）】，如图 3.78 所示，通过鼠标拖曳的方法在云形标注下方画出

一个横排文本框；在文本框内输入内容“Table Practice of Word”；选中文本后，通过【开始】选项卡下【字体】组中的按钮快速设置字体为小四号的楷体。

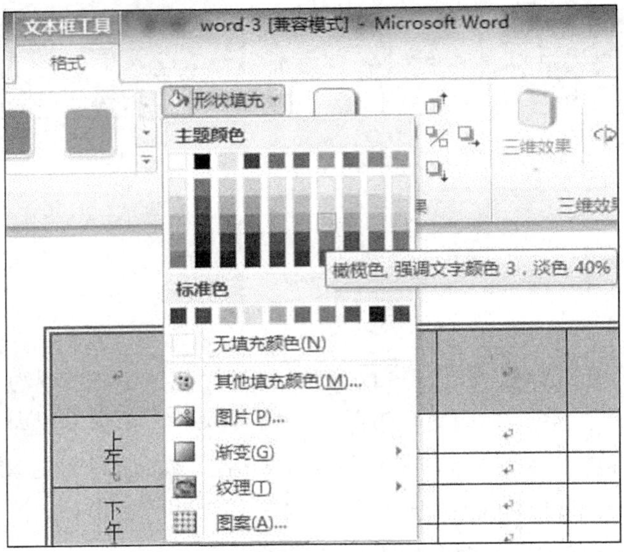

图 3.77　设置形状轮廓颜色

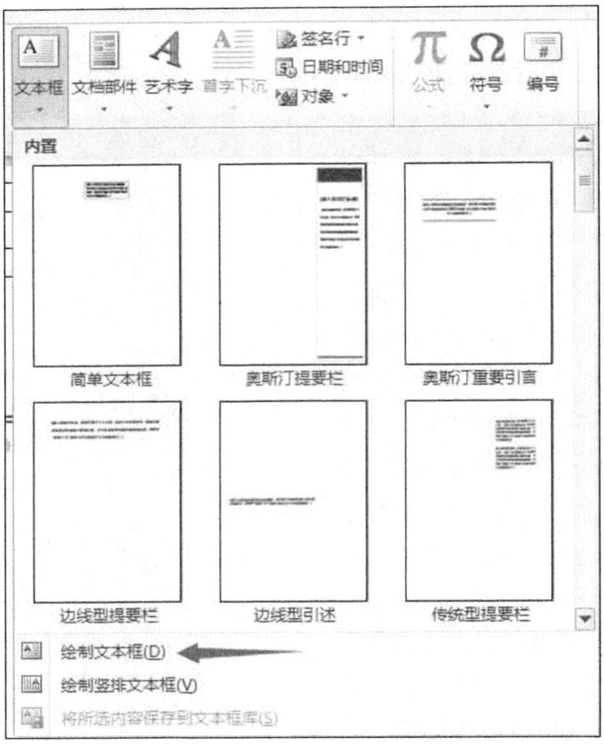

图 3.78　绘制文本框按钮

④ 双击文本框的点位符，单击【文本框工具格式】选项卡，在【文本框样式】组中，单击【形状轮廓】，在下拉列表中选“红色”，如图 3.79 所示。

⑤ 右键单击文本框的占位符，在右键快捷菜单中选择【叠放次序】下的【下移一层】，如图 3.80 所示，将文本框置于云型标注的下面一层。

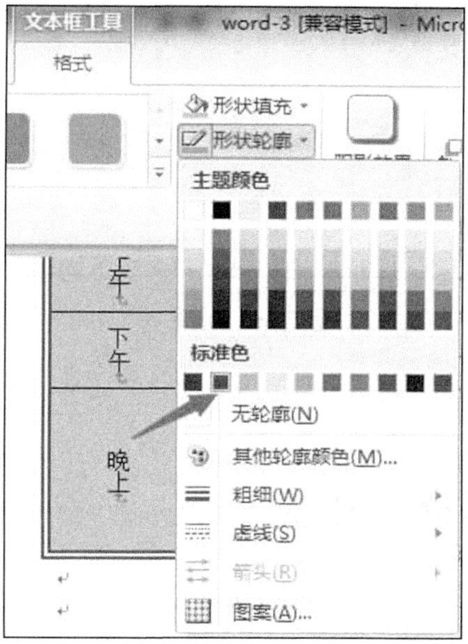

图 3.79　形状轮廓颜色设置

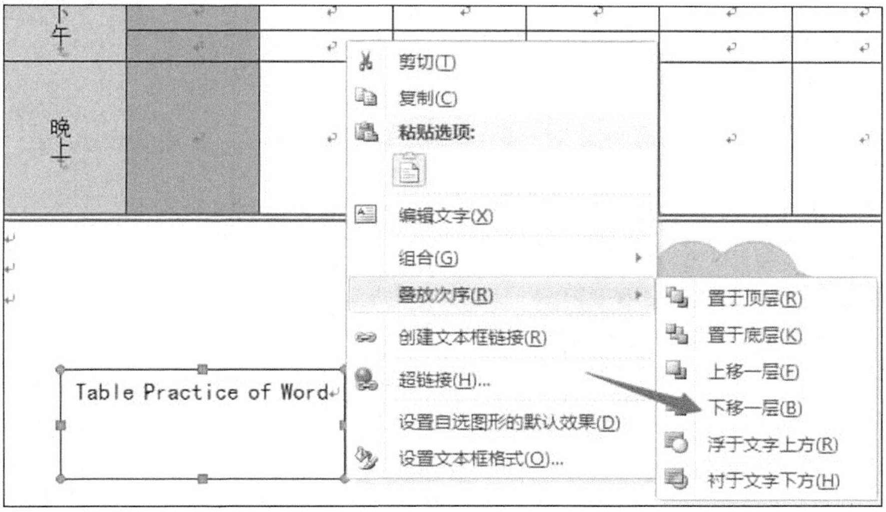

图 3.80　设置叠放次序

⑥ 先选中云形标注，再按住 Ctrl 键，同时选中文本框，在右键快捷菜单中选择【组合】下的【组合】，将两个图形组合成为一个整体，如图 3.81 所示。

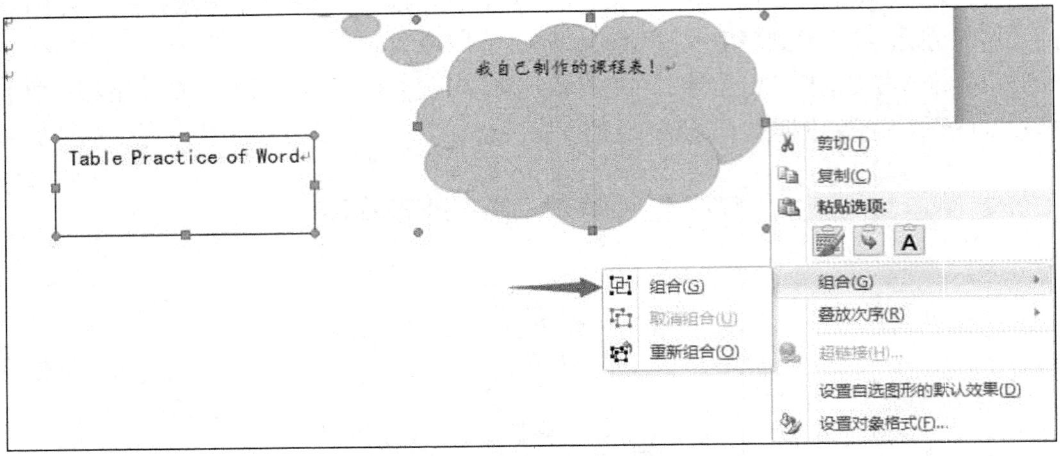

图 3.81　标注组合

保存并关闭文档。

【项目 3.4】长文档格式排版

打开“素材 3”文件夹中的文件“word-4.doc”，按下列格式编排要求进行操作。

1．页面设置

（1）操作内容

统一用 A4 纸，版面上、下、右均空 2.5cm，左空 3cm，每行约 37 个汉字。

（2）操作步骤

① 单击【页面布局】选项卡，单击【页面设置】组中的【页边距】按钮，在下拉列表中选择【自定义边距（A）】，打开页面设置对话框；在【页边距】选项卡中设置上、下、右空 2.5cm，左空 3cm，如图 3.82 所示。

② 在【页面设置】对话框的【文档网格】选项卡中设置每行排 37 个汉字，如图 3.83 所示。

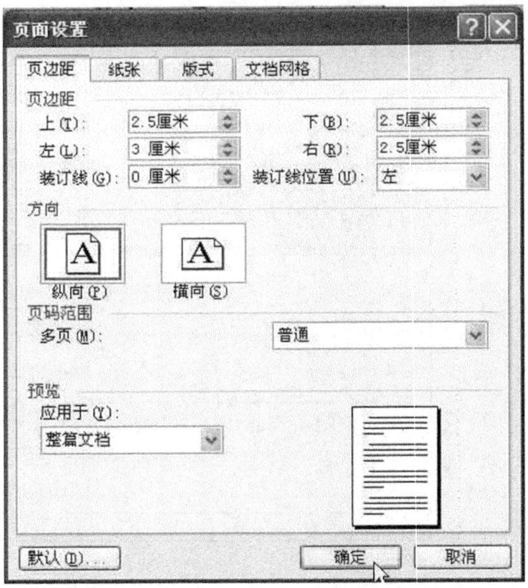

图 3.82　页边距设置

2．设置页眉页脚

（1）操作内容

设置所有页的页眉左侧为“****学院毕业论文”，页眉右侧为“酒店客房管理系统”；所有页的页脚为“第×页，共×页”，居中。

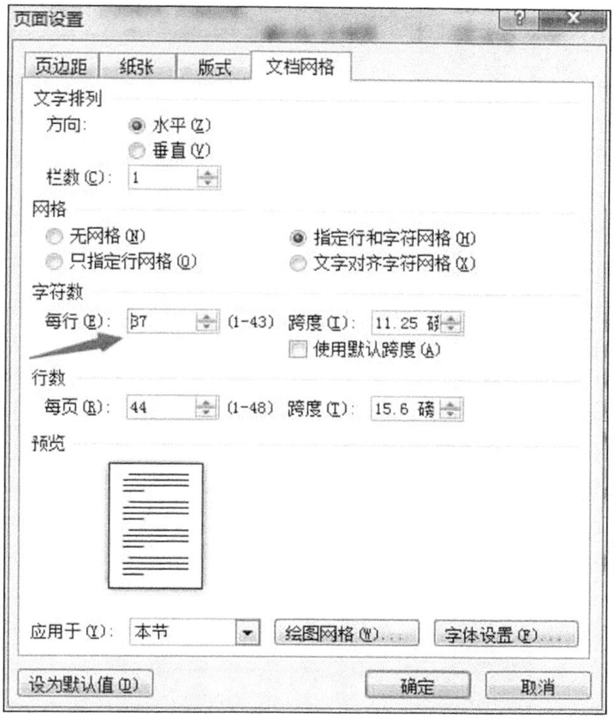

图 3.83 文档网格设置

（2）操作步骤

① 单击【插入】选项卡，在【页眉和页脚】组中单击【页眉】按钮，在下拉列表中选择【编辑页眉】，进入页眉和页脚编辑状态；在页眉处输入“****学院毕业论文”和“酒店客房管理系统”，通过【开始】选项卡下【段落】组中的【居中】按钮设置页眉居中，将光标定位在两部分文本中间，通过键盘输入空格的方法，将两部分文本分置于页眉的左右两侧，如图 3.84 所示。

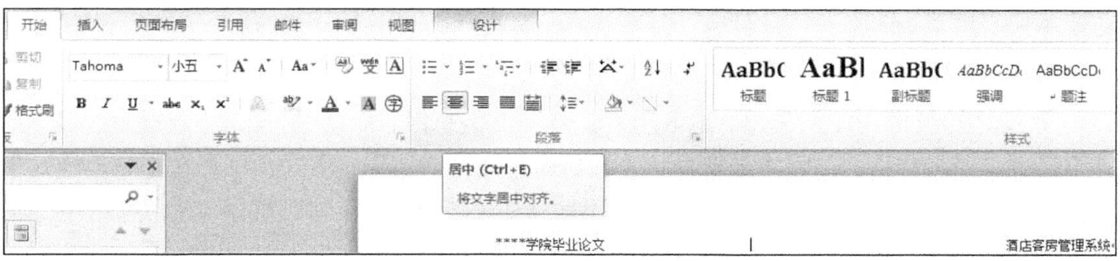

图 3.84 居中按钮

② 将光标定位于页脚处，单击【插入】选项卡，在【页眉和页脚】组中单击【页码】按钮，在下拉列表中选择【页面底端】；单击 X/Y 型的【加粗显示数字 1】按钮插入页码，把数

字保留修改成【第 1 页 共 11 页】，通过【开始】选项卡下【段落】组中的【居中】按钮设置页脚居中，如图 3.85 所示。

图 3.85 设置页码

3．论文正文的格式设置

（1）操作内容

设置论文的正文部分（第 3 页至第 9 页的文本“第一章 导言……这里一并表示感谢!”）的格式为宋体，小四号字，首行缩进两个字符，单倍行距，如图 3.86 所示。

（2）操作步骤

① 选中论文的正文部分，单击【开始】选项卡，在【样式】组中单击【样式】按钮，打开【样式】任务窗格；单击【新建样式】按钮；打开【新建样式】对话框；在【新建样式】对话框中设置名称为【论文正文】，宋体，小四；在【新建样式】对话框中单击左下角的【格式】按钮，选择【段落】，打开【段落】对话框。

② 在【段落】对话框中设置首行缩进两个字符，单倍行距；单击【确定】按钮返回，如图 3.87 所示。

③ 单击【样式】任务窗格中新建的样式【论文正文】，将新建的样式【论文正文】应用于论文的正文部分。

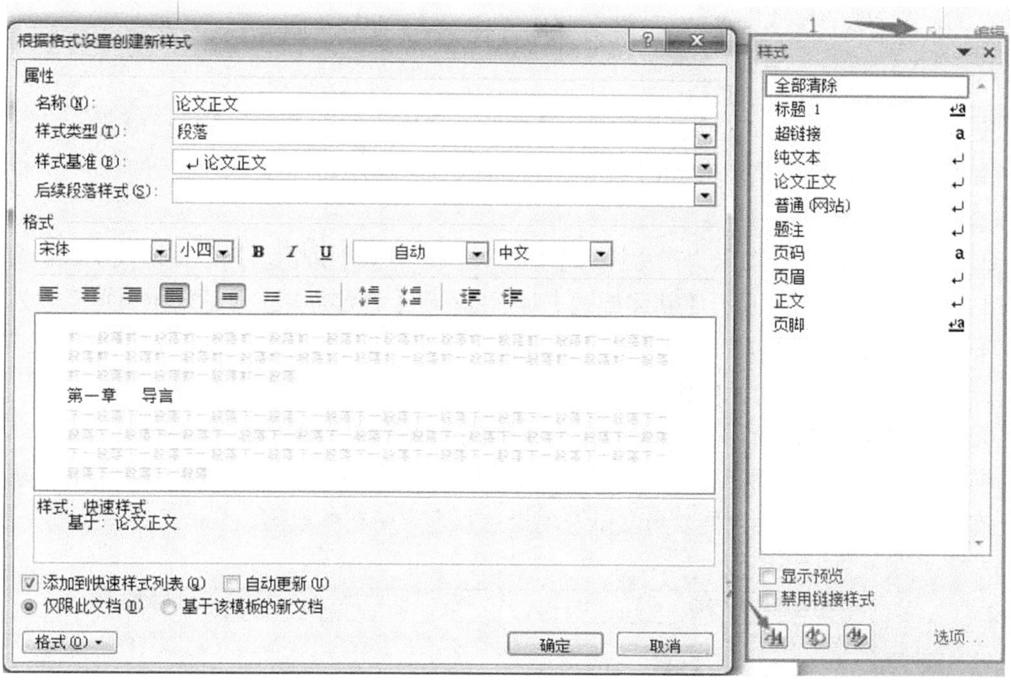

图 3.86　样式设置

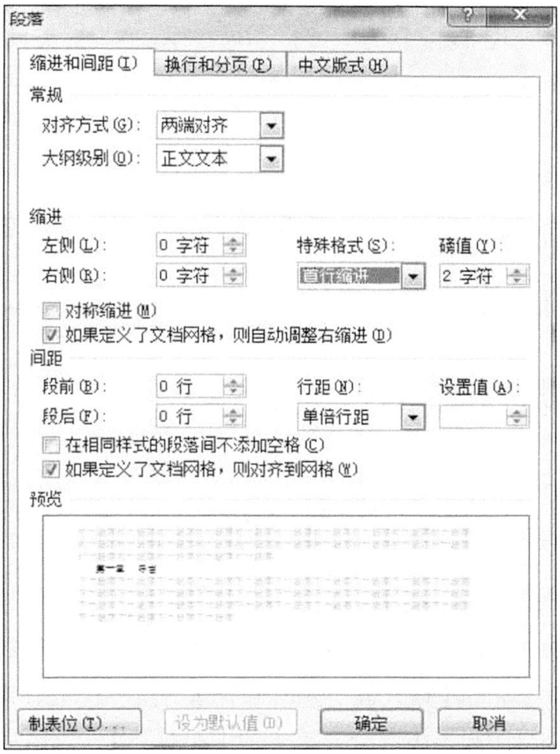

图 3.87　首行缩进设置

4．章节标题的样式设置

（1）操作内容

设置章标题为黑体，三号字，居中；节标题为黑体，三号字，左顶格；摘要、目录、致谢、主要参考文献及附录这几个字所在段落的样式参照章标题。

（2）操作步骤

① 单击【开始】选项卡，在【样式】组中单击【样式】按钮，打开【样式】任务窗格；单击【新建样式】按钮；打开【新建样式】对话框；在【新建样式】对话框中设置名称为【章标题】，在【样式基于】项目右侧通过下拉选择【标题 1】，再设置样式格式为黑体，三号字，居中；单击【确定】按钮完成新样式【章标题】的创建，如图 3.88 所示。

② 逐一选中论文各章标题，通过单击【样式】任务窗格中新建的样式【章标题】，将新建的样式【章标题】应用于论文的各章标题；使用相同的方法，将新建的样式【章标题】应用于摘要、目录、致谢、主要参考文献及附录这几个字所在的段落。

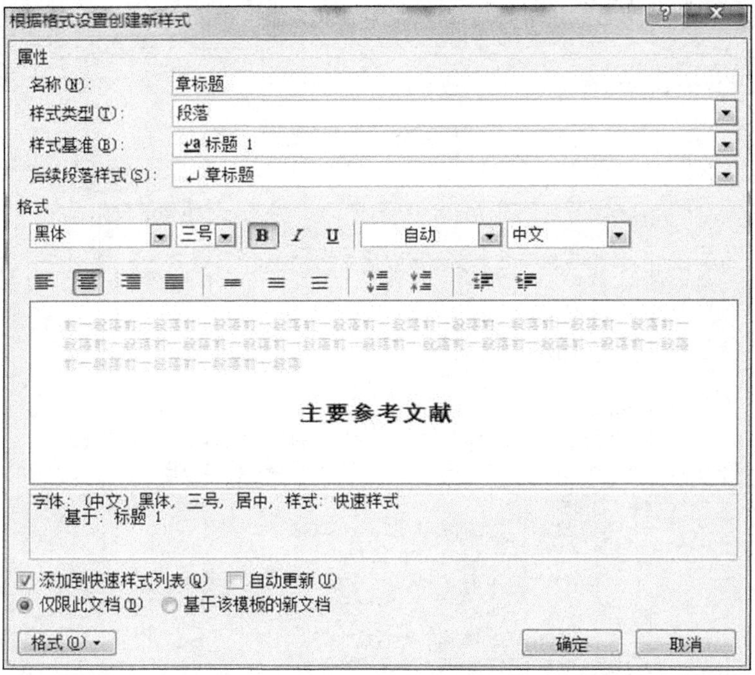

图 3.88　创建章标题

③ 单击【样式】任务窗格上的【新样式】，打开【新建样式】对话框；在【新建样式】对话框中设置名称为【节标题】，在【样式基于】项目右侧通过下拉选择【标题 2】，再设置样式格式为黑体，三号字；单击左下角的【格式】，选择【段落】，打开【段落】对话框，如图 3.89 所示。

④ 在【段落】对话框中设置【对齐方式】为【左对齐】，单击两次【确定】按钮完成新样式【节标题】的创建，如图 3.90 所示。

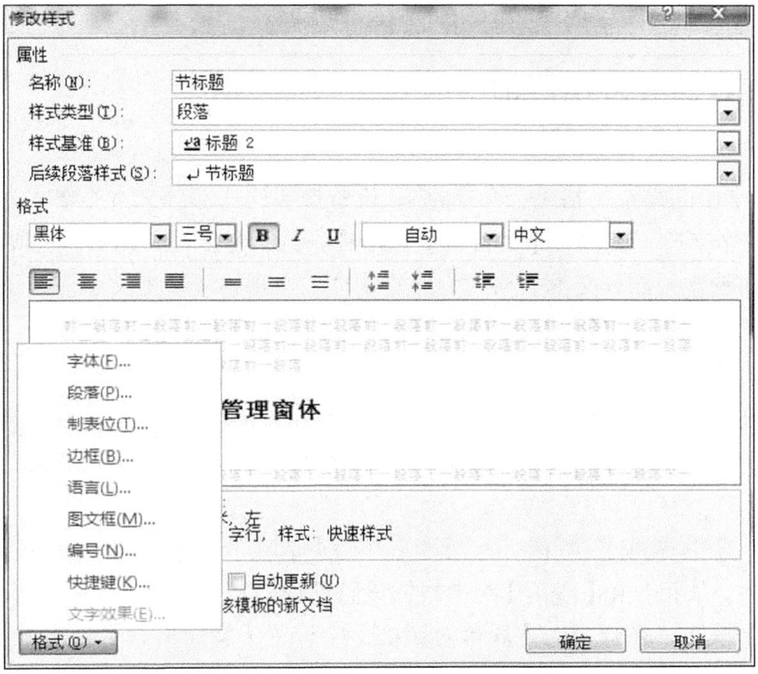

图 3.89 修改样式

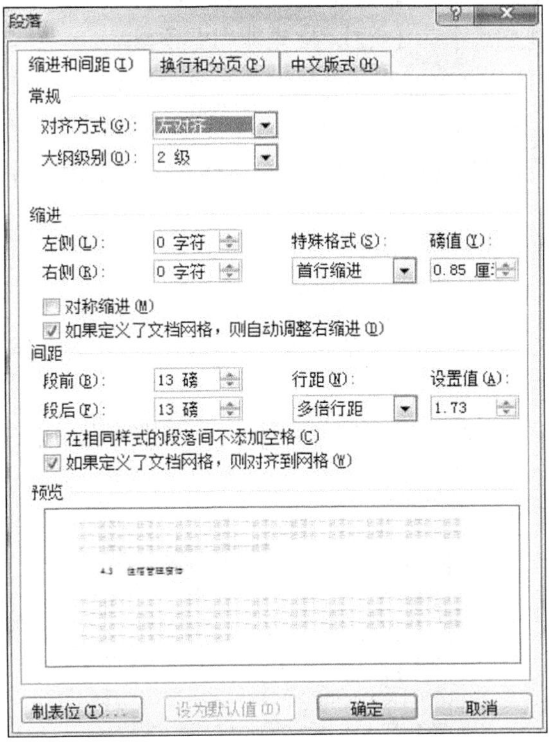

图 3.90 设置对齐方式

⑤ 逐一选中论文每一章的各节标题，通过单击【样式】任务窗格中新建的样式【节标题】，将新建的样式【节标题】应用于论文的各节标题。

5. 设置正文以外其他内容的格式

（1）操作内容

"摘要"两字中间需空一格（全角空格）；设置摘要这一部分文本的格式为五号宋体，加粗，首行缩进两个字符；设置"【关键词】"所在行为五号宋体，加粗，左顶格，两端对齐；设置主要参考文献这一部分文本的格式为五号宋体，左顶格，参考文献需按正文引用的先后顺序列出，设置附录这一部分文本的格式为五号宋体，左顶格，两端对齐。

（2）操作步骤

① 先选中摘要这一部分的文本，通过【开始】选项卡下【字体】组中的按钮快速设置字体为五号宋体，加粗；通过【开始】选项卡下【段落】组中【段落】按钮设置首行缩进两个字符。

② 先选中"【关键词】"所在行，通过【开始】选项卡下【字体】组中的按钮快速设置字体为五号宋体，加粗，和【段落】组中按钮设置两端对齐；通过【开始】选项卡下【段落】组中的【段落】按钮，在弹出的【段落对话框】中设置【特殊格式】为【无】，格式即为左顶格。

③ 先选中主要参考文献这一部分文本，通过【开始】选项卡下【字体】组中的按钮快速设置字体为五号宋体；通过【开始】选项卡下【段落】组中的【段落】按钮，在弹出的【段落对话框】中设置【特殊格式】为【无】，格式即为左顶格。

④ 先选中附录这一部分文本，通过【开始】选项卡下【字体】组中的按钮快速设置字体为五号宋体，与【段落】组中按钮设置两端对齐；通过【开始】选项卡下【段落】组中的【段落】按钮，在弹出的【段落对话框】中设置【特殊格式】为【无】，格式即为左顶格。

6. 生成目录及目录格式设置

（1）操作内容

在文本"目录"下方插入自动生成的目录，设置目录格式为宋体，小四号字。

（2）操作步骤

① 将光标置于第二页的文本"目录"的下一行，单击【引用】选项卡，在目录组中单击目录按钮，在下拉列表中选择【插入目录（I）…】，如图 3.91 所示。

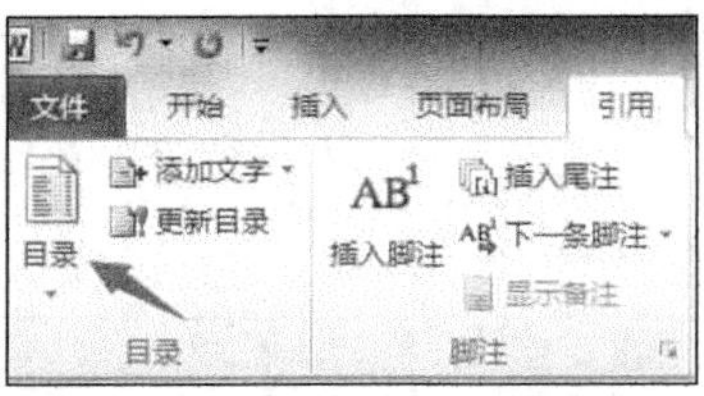

图 3.91 插入目录

② 在弹出的【目录】对话框中设置显示级别为【2】，单击【确定】按钮返回，如图 3.92 所示。

③ 选中新生成的目录，通过【开始】选项卡下【字体】组中的按钮快速设置其格式为宋体，小四号字。

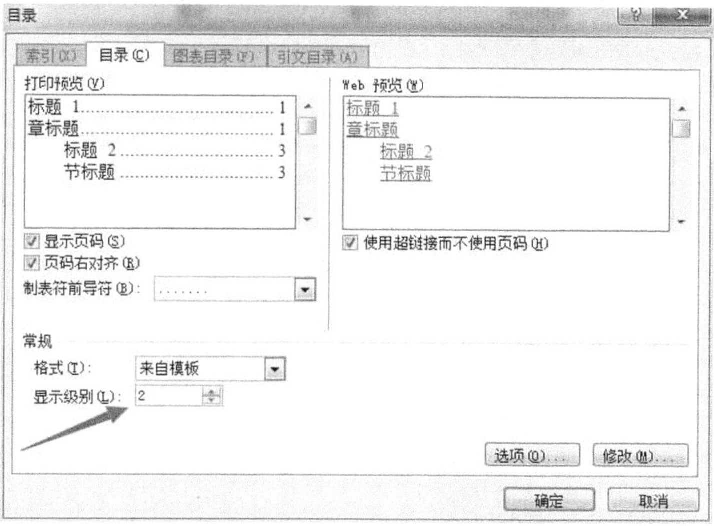

图 3.92　显示级别

7．插入图、表的题注及设置题注的格式

（1）操作内容

所有的图和表均设置为居中；在所有图的下方和表的上方插入题注“图 4.X”“表 3.X”，表示这是第 4 章的第 X 个图和第 3 章的第 X 个表；题注的格式：五号宋体，居中，段前段后 0.5 行。

（2）操作步骤

① 将光标定位于第 7 页文本“kf(客房表)”左侧，单击【引用】选项卡，在【题注】组中单击【插入题注】，打开【题注】对话框；在【题注】对话框中单击【新建标签】，输入【表 3.】，两次单击确定，如图 3.93 所示，即在第 1 个表的上方插入题注“表 3.1”。

② 重复上面的步骤（无需再新建标签），即可在第 2 个表的上方插入题注“表 3.2”，如图 3.94 所示。

③ 将光标定位于第 8 页第 1 张图的下方，单击【引用】选项卡，在【题注】组中单击【插入题注】，打开【题注】对话框；在【题注】对话框中单击【新建标签】，输入【图 4.】，如图 3.95 所示，两次单击确定，即在第一张图下方插入题注“图 4..1”。

④ 重复上面的步骤（无需再新建标签），即可在第 2 个图的下方插入题注“图 4.2”，如图 3.96 所示。

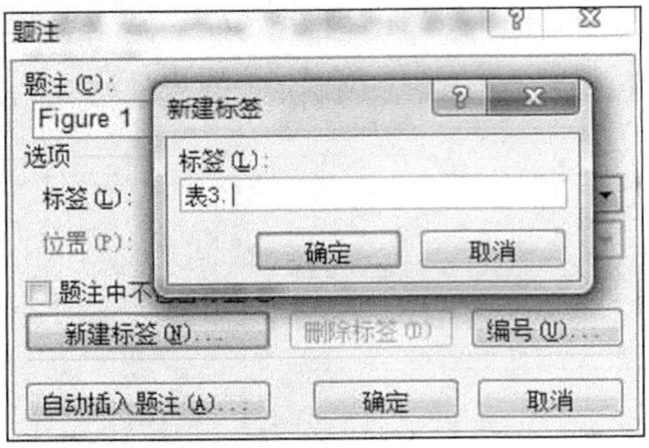

图 3.93　插入题注

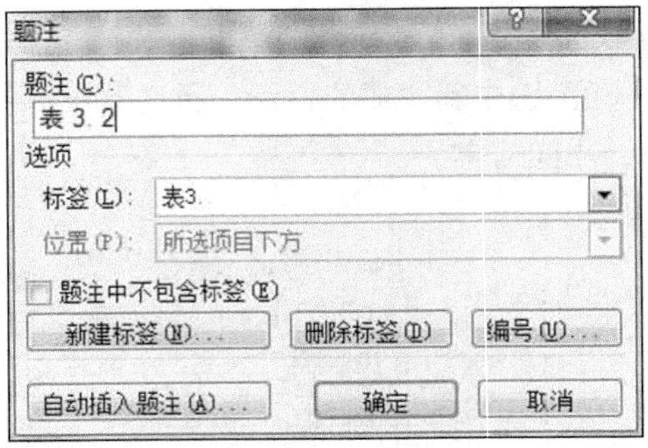

图 3.94　输入题注

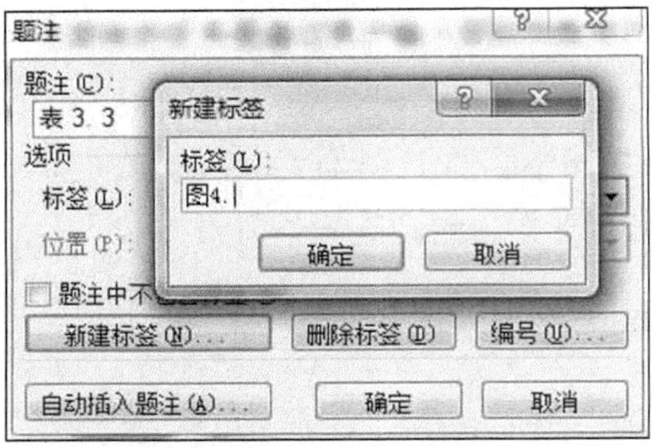

图 3.95　新建标签

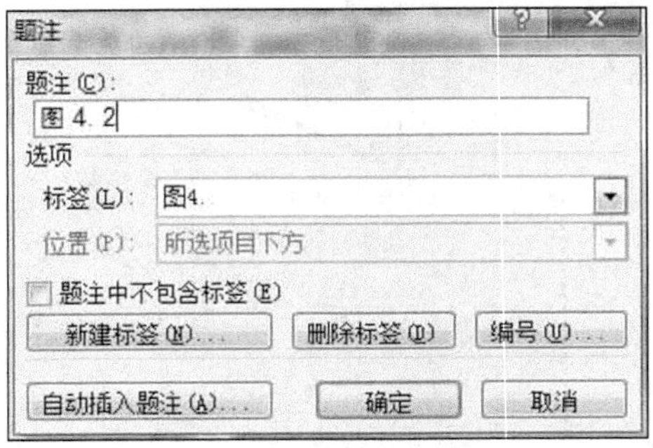

图 3.96　插入题注对话框

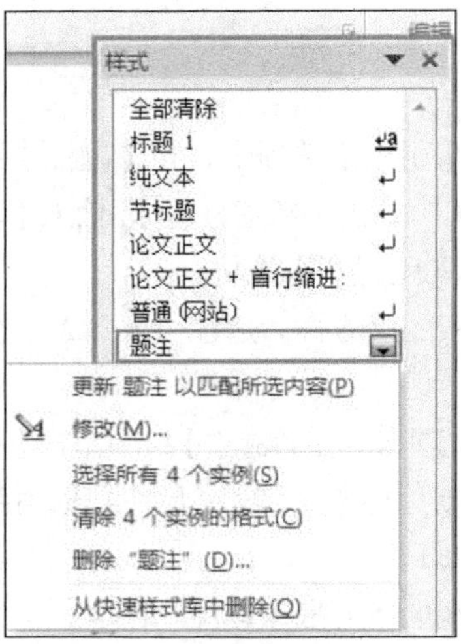

图 3.97　修改样式

⑤ 将光标置于任一题注处，单击【开始】选项卡，在【样式】组中单击【样式】按钮，打开【样式】任务窗格；在【样式】任务窗格中的“题注”右侧下拉框中选择【修改】，如图 3.97 所示，打开【修改样式】对话框。

⑥ 在【修改样式】对话框中设置格式为五号宋体，居中；单击左下角【格式】按钮，选择【段落】，打开【段落】对话框，如图 3.98 所示。

⑦ 在【段落】对话框中设置段前段后间距为 0.5 行，单击【确定】按钮完成【题注】样式的修改，如图 3.99 所示，即可见所有的题注均已自动完成格式修改。

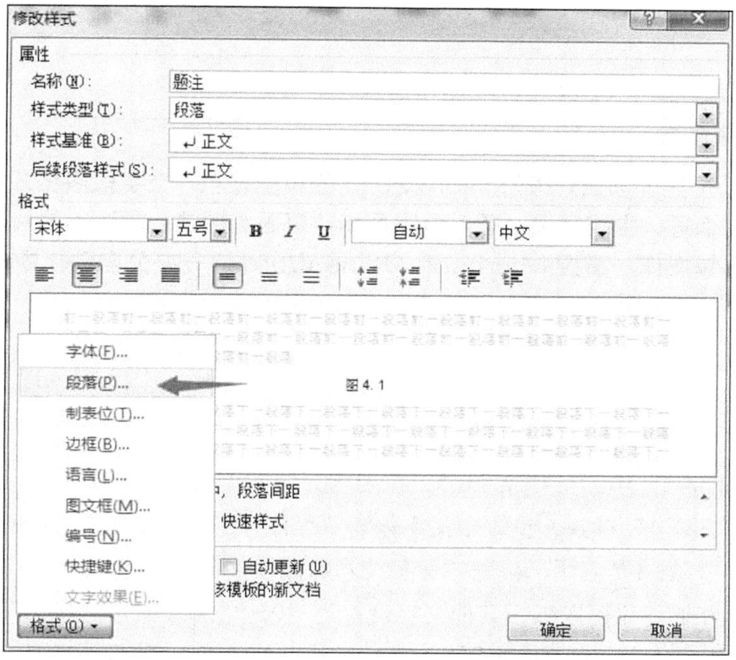

图 3.98　段落对话框按钮

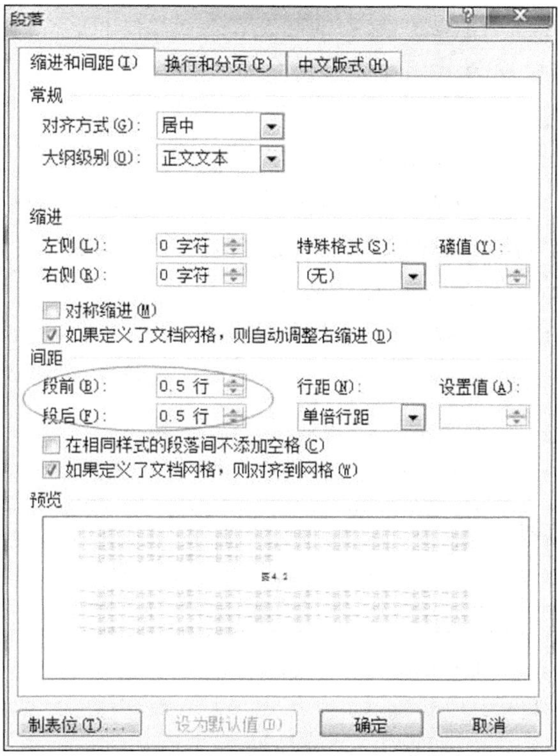

图 3.99　设置段前段后间距

保存并关闭文档。

实训小结

本章通过 4 个实训项目，练习 Word 2010 的页面设置，文字段落格式设置，样式，分栏，项目符号与编号，生成目录，插入页眉页脚、页码、批注、题注、图片、艺术字、表格及绘制基本图形等操作，掌握 Microsoft Office Word 这一办公自动化中必备的文档编辑利器。

操作习题

1. 打开“素材 3”中的文档 Word-5，按要求完成如下操作：

（1）修改“标题 1”样式，设置中文字体为“黑体，二号，加粗”，段落对齐方式为“居中”，并将样式“标题 1”应用于标题“信息技术与课程整合”；

（2）除标题和摘要段落以外，其他文字设置为“宋体”，大小为“五号”；

（3）除标题以外，所有段落都设置为首行缩进“2 字符”；摘要段落的段后间距为“0.5 行”；

（4）给文章添加页眉，内容为“教学教法”；

（5）在文章末尾新增一个段落，并连续插入 6 个“几何图形符”中的“◇”符号；

（6）设置文章的纸型为“B5”，上下页边距为“2 厘米”；

（7）保存并关闭文件。

2. 打开“素材 3”中的文档 Word-6，按要求完成如下操作：

（1）设置文章的纸型为“B5”，左右页边距为“2.87 厘米”；

（2）修改“标题 1”样式，设置字体为中文“楷体”，段落对齐方式为“居中”，并将样式“标题”应用于标题“SARS 不会通过空气传播”；

（3）设置文章中除标题以外的中、英文字体为“宋体”，大小为“小四”；

（4）设置文章中除标题以外所有段落的格式为首行缩进“2 字符”，行距为“1.5 倍”；

（5）在文章末尾插入“分节符”，类型为“下一页”；

（6）在第二页的第一段中输入文字“各地病发情况”，其后插入如下表格；

地区名称	人数

（7）设置表格内单元格对齐方式为“中部居中”；

（8）保存并关闭文件。

3. 打开“素材 3”中的文档 Word-7，按要求完成如下操作：

（1）将标题，即第一段居中，设置为“楷体”“三号”；

（2）设置页面纸型为“16 开”，指定每页“35 行”，每行“30 字符”；

（3）在样式中设置正文字体为“黑体”，字号为“小四”，并应用于文章除标题外的所有段落中；

（4）在页脚插入文件名；

（5）在文尾另起一段落，插入 6 个符号●；

（6）文章除标题外的所有段落首行缩进“2 字符”；

（7）在文尾插入一个 3 行 4 列的表格，将第一列的第 1、2 行单元格合并为一个单元格；

（8）保存并关闭文件。

4. 打开“素材 3”中的文档 Word-8，按要求完成如下操作：

（1）将文档视图切换到页面视图；

（2）将样式“标题 1”应用到标题“《一个都不能少》”上；除标题以外的所有文字设置为“宋体”“五号”；

（3）设置除标题外所有段落的格式为首行缩进“2 字符”，行距为“20 磅”的固定值；

（4）在文尾插入如下表格；

张艺谋执导的影片	
影片名称	上映时间

（5）设置表格中单元格的对齐方式为“中部居中”；

（6）设置页面的上下页边距为“2 厘米”；

（7）在页脚处插入页码，数字格式选用“壹，贰，叁…”的形式，其他采用默认值；

（8）保存并关闭文件。

第 4 章 Excel 2010 应用

实训目标

● 掌握 Excel 2010 中工作簿、工作表的基本操作，以及各类数据的输入和格式化设置。

● 掌握 Excel 2010 中公式、函数的应用，及其数据计算方法。

● 掌握 Excel 2010 中数据图表的创建和编辑。

● 掌握 Excel 2010 中数据的管理，如排序、筛选等操作。

● 掌握 Excel 2010 中数据的分析，如分类汇总、数据透视表等操作。

实训内容

● 通过项目 4.1“计算东风标致汽车价格表”，掌握表格的格式设置、记录单的操作、公式的计算、自动筛选的应用、图表的创建、批注和 Word 文档的添加等操作。

● 通过项目 4.2“计算公司银行存款表”，掌握表格的格式设置、公式的计算、SUMIF 函数的应用、条件格式、分类汇总、图表的创建、工作表的保护等操作。

● 通过项目 4.3“计算学校歌手赛成绩表”，掌握公式的计算、IF、COUNTIF、RANK、MAX、MIN 等函数的应用，以及数据透视表的创建、工作簿的保护等操作。

【项目 4.1】计算东风标致汽车价格表

打开 Excel2010 工作簿“东风标致汽车价格表.xlsx”，“价格表”工作表用于存放东风标致 307 汽车 2011 年款式价格表，“降幅率”工作表用于存放该款式小车的降价情况，要求完成如下操作。

1. 在工作表前插入一空行，行高设为 48，将 A1:C1 单元格合并居中，输入标题“东风标致 307 汽车 2011 年款式价格表”，标题采用黑体，18 磅，红色，居中，分两行显示。

2. 在 A2:B7 所构成的数据清单中，利用记录单，输入：

1.6 手动豪华版　　13.98

3. 用公式法计算各种车型的现价，公式：现价=指导价 ×（1−降幅率），保留 2 位小数。

4. 将单元格区域（A2:C8）格式设置为“标题 3”的单元格样式，并将其内容的对齐方式设置为水平居中。

5. 在（A2:C8）所构成的数据清单中，筛选出“自动”挡车型的记录。

6. 制做筛选后的各车型现价的簇状柱形图表，系列产生在行，图表标题为“价格图表”，数据标签包含值，其他保持默认设置，产生的图表放置在单元格区域（A13:F27）中。

7. 使用“插入”菜单下的“对象”命令将 Word 文档 Wd401.doc 中的文字内容嵌入单元格区域（A10:C11）中。

8. 在单元格 C2 中插入批注，内容为“现价=指导价 X（1−降幅率）”。完成后直接保存工作簿。

步骤 1：插入空行，设置标题字体格式

在“价格表”工作表中，单击选中第 1 行，在【开始】选项卡的【单元格】组中单击【插入】按钮，在弹出的下拉菜单中选择【插入工作表行】命令，即插入 1 空行。选中插入的新空行，在【开始】选项卡的【单元格】组中单击【格式】按钮，在下拉菜单中选择【行高】命令，在弹出的【行高】对话框中输入数值 48，单击【确定】按钮，如图 4.1 所示。

选中 A1:C1 单元格区域，在【开始】选项卡的【对齐方式】组中单击【合并后居中】按钮 合并后居中 ，将单元格区域合并居中。输入标题内容，选中该单元格区域，在【开始】选项卡的【字体】组中直接设置字体为黑体，字号为 18 磅，字体颜色为红色。将光标定位在“价格表”文字前，按住键盘上的 Alt 键，然后按下 Enter 键，将文字分两行显示。

步骤 2：利用记录单输入数据

单击【文件】菜单，然后在下拉菜单中单击【选项】，打开【Excel 选项】对话框。在【Excel 选项】对话框中单击【快速访问工具栏】，然后在右侧的【从下列位置选择命令】下拉框中，选择【不在功能区的命令】。下拉滑块，找到【记录单】功能，然后单击【添加】，将其添加到【快速访问工具栏】。单击【确定】按钮，在 Excel 的快速访问工具栏上即可看到添加的【记录单】按钮。

选中 A2:B7 区域，单击快速访问工具栏上的【记录单】按钮，在弹出的对话框中，单击【新建】按钮，在空白的输入框中输入相应的车型和价格后，再次单击【新建】按钮，将内容添加到工作表中，单击【关闭】按钮，如图 4.2 所示。

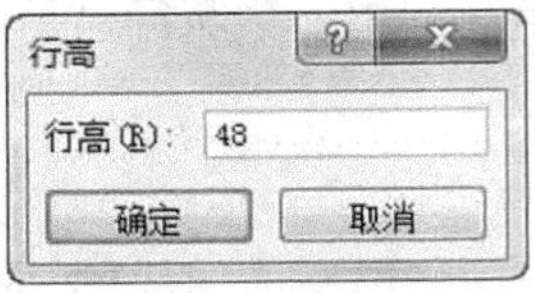

图 4.1 【行高】对话框

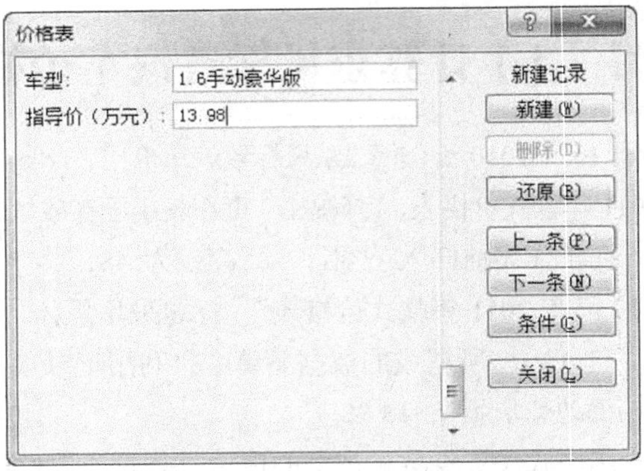

图 4.2 【记录单】对话框

步骤 3：利用公式计算车型的现价

根据公式，现价=指导价×（1−降幅率），而降幅率数据在另一张工作表中，这里需要用到跨工作表的计算，需要在公式中引用工作表的名称，即“工作表名!单元格地址”。选中 C3 单元格，输入公式“=B3×（1−降幅率!B2）”。单击 C3 单元格，出现填充柄时，向下拖曳，填充公式，计算出各个车型的现价。

该结果要保留 2 位小数，因此选中现价所在的单元格区域，在【开始】选项卡的【单元格】组中单击【格式】按钮，在下拉菜单中选择【设置单元格格式】命令。弹出【设置单元格格式】对话框，如图 4.3 所示。在【数字】选项卡的【分类】列表框里，选中【数值】，将小数位数设为 2。

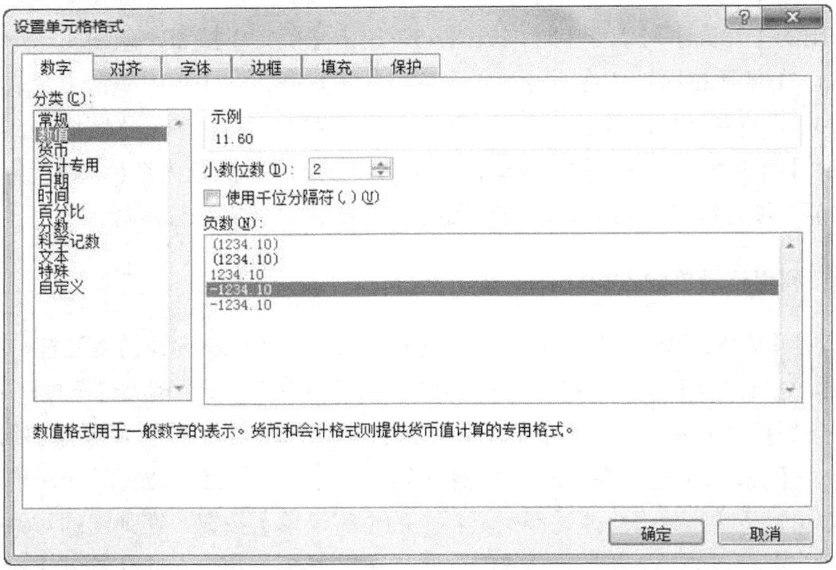

图 4.3 【设置单元格格式】对话框

步骤 4：使用【自动套用格式】设置表格格式

选中单元格区域（A2:C8），在【开始】选项卡的【样式】组中单击【单元格样式】按钮，在弹出的下拉菜单中选择“标题 3”即可，如图 4.4 所示。

选中单元格区域（A2:C8），在【开始】选项卡的【对齐方式】组中单击【居中】按钮将内容设置为水平居中。

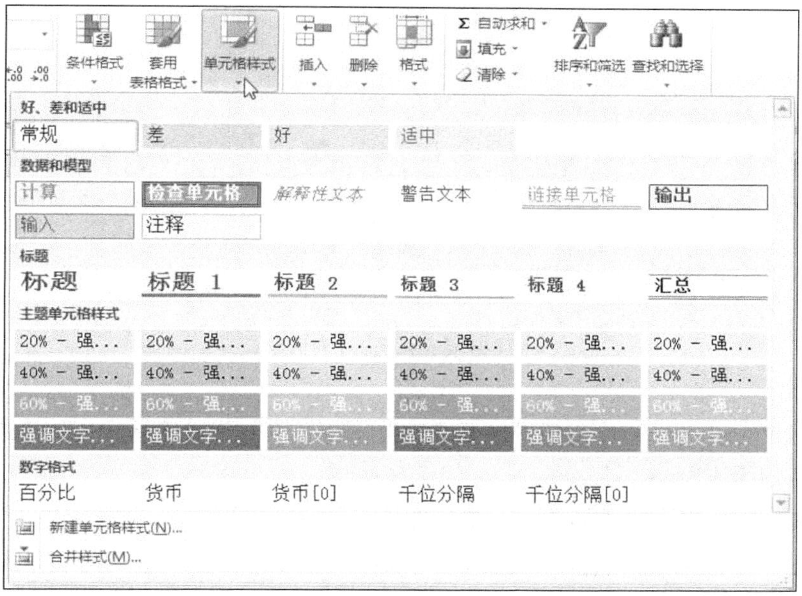

图 4.4 【单元格样式】下拉菜单

步骤 5：使用【自动筛选】筛选出自动挡车型

选中单元格区域（A2:C8），在【数据】选项卡的【排序和筛选】组中单击【筛选】按钮。这时标题区域的每个字段右边都出现一个筛选下拉按钮。单击“车型”字段名的筛选箭头，在下拉菜单中选择【文本筛选】—【包含】命令，弹出【自定义自动筛选方式】对话框，在条件下拉框中选择“包含”，在值输入框中输入“自动”，如图 4.5 所示，单击【确定】按钮完成。

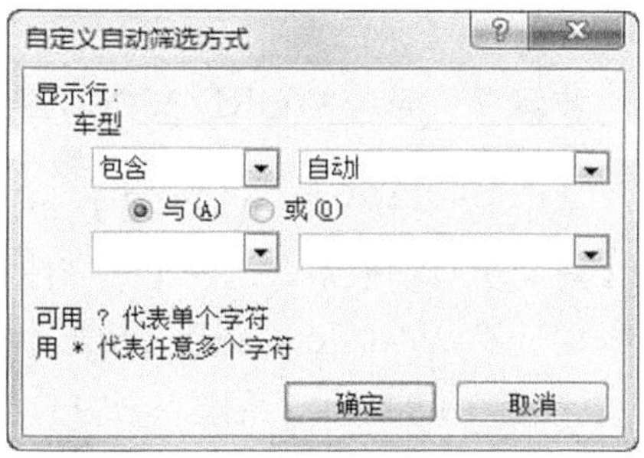

图 4.5 【自定义自动筛选方式】对话框

步骤 6：创建自动挡车型现价的簇状柱形图表

选中筛选后的“车型”列和“现价”列，即 A2:A7 和 C2:C7 区域，在【插入】选项卡的【图表】组单击右下角的扩展按钮。

弹出【插入图表】对话框，选择“柱形图”及其子图表“簇状柱形图”，如图 4.6 所示，单击【确定】按钮即出现相应的图表，同时出现【图表工具】选项卡。

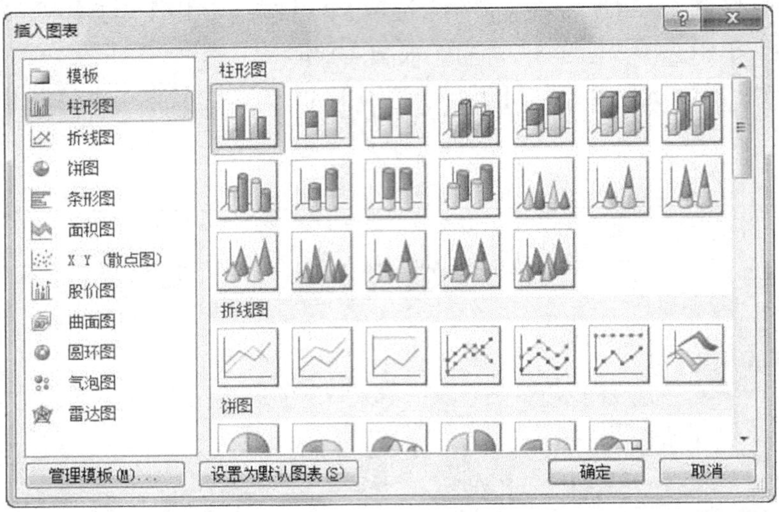

图 4.6 【插入图表】对话框

设置系列产生在行：选中生成的图表，在【图表工具—设计】选项卡的【数据】组中单击【切换行/列】按钮即可。

设置图表标题：选中生成的图表，在【图表工具—布局】选项卡的【标签】组中单击【图表标题】按钮，下拉菜单中选择【图表上方】命令，即在图表上方添加了图表标题区域，输入相应的标题内容“价格图表”。

设置数据标签包含值：选中生成的图表，在【图表工具—布局】选项卡的【标签】组中单击【数据标签】按钮，下拉菜单中选择【其他数据标签选项】命令，弹出【设置数据标签格式】对话框，如图 4.7 所示。在【标签选项】栏中将【值】勾选，单击【关闭】按钮，图表中即添加相应的值。将该图表调整大小，拖曳到单元格区域（A13:F27）中。

步骤 7：插入 WORD 文档内容

选中单元格区域（A10:C11），在【插入】选项卡的【文本】组单击【对象】按钮，在弹出的【对象】对话框中，选择【由文件创建】选项卡，单击【浏览】按钮，在弹出的【浏览】对话框中选择 Wd401.doc 文档，单击【插入】按钮，返回【对象】对话框后，单击【确定】按钮完成，如图 4.8 所示。将嵌入表中的 Word 文档适当调整到单元格区域（A10:C11）中。

步骤 8：插入批注内容

选中单元格 C2，在【审阅】选项卡的【批注】组中单击【新建批注】按钮，在弹出的批注框内，输入相应的文本内容，如图 4.9 所示。

该项目的最终效果如图 4.10 所示。

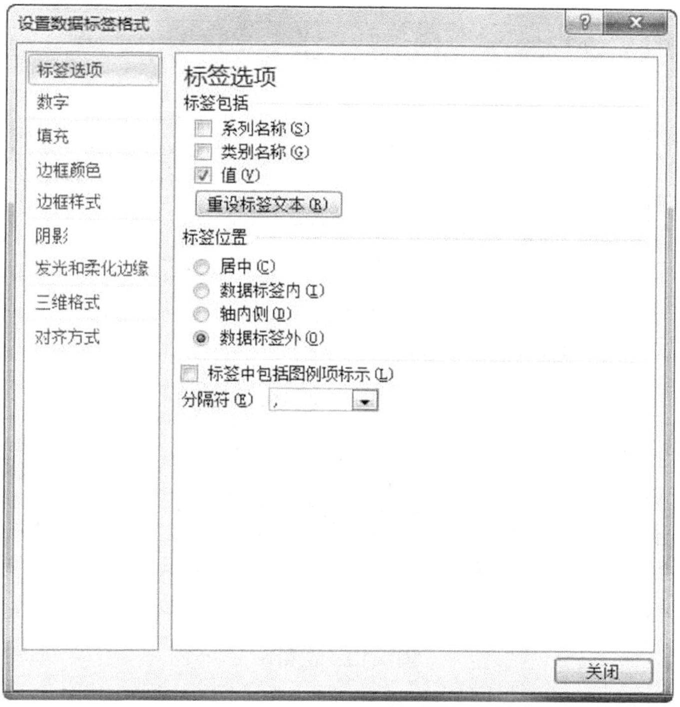

图 4.7 【设置数据标签格式】对话框

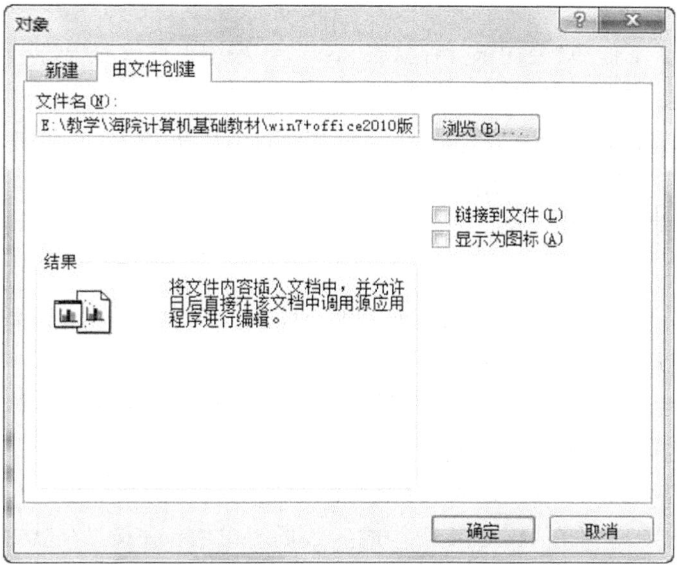

图 4.8 插入【对象】对话框

图 4.9 批注框

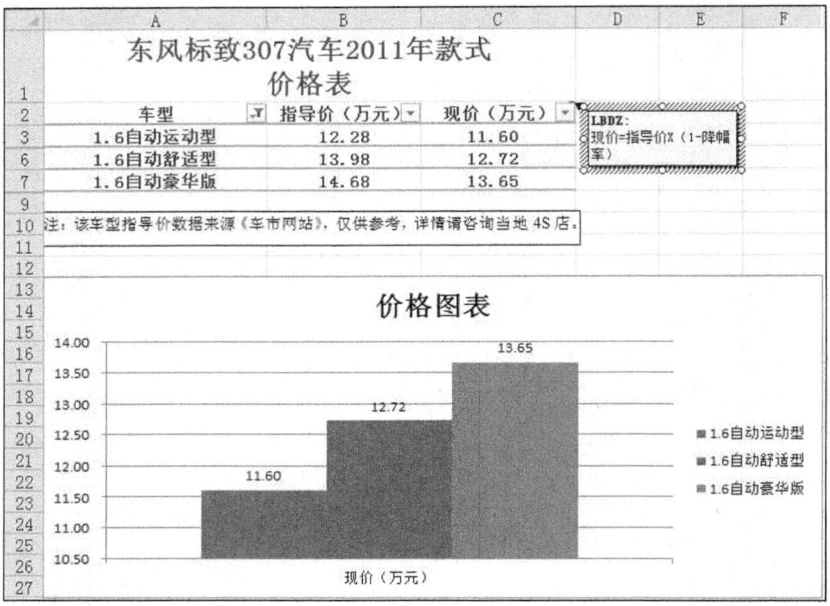

图 4.10　效果图

【项目 4.2】计算公司银行存款表

打开 Excel2003 工作簿“公司银行存款表.xlsx”，该表用于存放海华公司 2011 年存款情况，要求完成如下操作。

1. 在工作表前插入一空行，行高设为 48，将 A1:H1 单元格合并居中，输入标题“海华公司存款表（2011 年）”，标题采用黑体，20 磅，红色，分两行显示。

2. 在“公司存款”工作表中，使用公式计算每月的本息，公式为“本息=金额+金额×利率/100×存期”。

3. 用函数计算每月存款的平均值并放置于 D16 单元格中，利用 SUMIF 函数计算存入工商银行的本息总额并放置于 F17 单元格中。

4. 利用条件格式将“本息（元）”列数据区域中 250000 元以下的字体颜色设置为蓝色，250000 元以上（包括 250000 元）的字体颜色设置为红色。

5. 将（B2:B14,G2:G14,D2:D14）区域中的数据复制到新表（A1:C13）单元格区域中，表名改为“分析结果”。并在 A1:C13 所构成的数据清单中，先按“存款银行”列升序排序，再用分类汇总的方法计算各存款银行存款金额的总值，并将各列都设置为“最适合的列宽”。

6. 在“分析结果”工作表中为各存款银行汇总的存款金额数据做分离型三维饼图，系列产生在列，数据标签包含百分比，图例位于底部，其他为默认设置，产生的图表放置在工作表（A19:E30）单元格区域内。设置图表区格式图案的填充效果为“渐变”，预设颜色为“雨后初晴”。

7. 在“公司存款”工作表中，使用“插入”菜单下的“对象”命令从单元格 A18 开始嵌入文档，在其中输入“注：该表“利率”为活期存款利率”。

8. 保护“公司存款”工作表内容，设置密码为“123”，完成后直接保存工作簿。

具体操作步骤如下。

步骤 1：插入空行，设置标题字体格式

在“公司存款”工作表中，单击选中第 1 行，在【开始】选项卡的【单元格】组中单击【插入】按钮，在弹出的下拉菜单中单击【插入工作表行】命令，即插入 1 空行。选中插入的新空行，在【开始】选项卡的【单元格】组中单击【格式】按钮，在弹出的下拉菜单中单击【行高】命令。弹出【行高】对话框，如图 4.11 所示，输入数值 48，单击【确定】按钮。

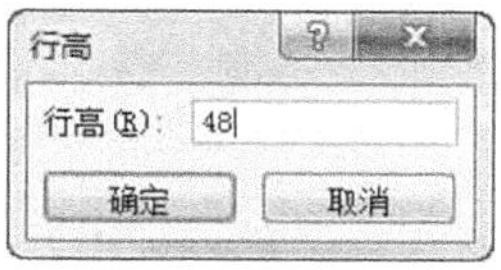

图 4.11 【行高】对话框

选中 A1:H1 单元格区域，在【开始】选项卡的【对齐方式】组中单击【合并后居中】按钮 合并后居中，将单元格区域合并居中。输入标题内容，选中该单元格区域，设置字体为黑体，字号为 20 磅，字体颜色为红色。将光标定位在“(2011 年)”文字前，按住键盘上的 Alt 键，然后按下 Enter 键，将文字分两行显示。

步骤 2：利用公式计算每月的本息

根据公式，本息=金额+金额×利率/100×存期，选中单元格 F3，输入计算公式：“=D3+D3*E3/100*C3”，单击 F3 单元格，出现填充柄时，向下拖曳，填充公式，计算出每个月的本息。

步骤 3：使用 AVERAGE 函数计算每月存款的平均值，使用 SUMIF 函数计算存入工商银行的本息总额

使用 AVERAGE 函数计算每月存款的平均值，选中 D16 单元格，在【开始】选项卡的【编辑】组中单击【自动求和】按钮 Σ 自动求和，在弹出的下拉菜单中选择【平均值】命令，在单元格 D16 中填入 AVERAGE 函数，将相应的单元格区域地址改为（D3:D14）。

利用 SUMIF 函数计算存入工商银行的本息总额，选中 F17 单元格，在【开始】选项卡的【编辑】组中单击【自动求和】按钮 Σ 自动求和，在弹出的下拉菜单中选择【其他函数】命令，在弹出的【插入函数】对话框中，选择 SUMIF 函数，如图 4.12 所示，单击【确定】按钮，弹出【函数参数】对话框。

SUMIF 函数有 3 个参数需要设置，Range 参数用于设置条件所在单元格区域的地址，Criteria 参数用于设置条件具体值，Sum_range 参数用于设置计算求和的单元格区域地址。根据题意，应在“存款银行”中查找“工商银行”的条目，将其本息值求和。因此设置 Range 值为 G3:G14，Criteria 值为“工商银行”，Sum_range 值为 F3:F14，单击【确定】按钮，如图 4.13 所示。

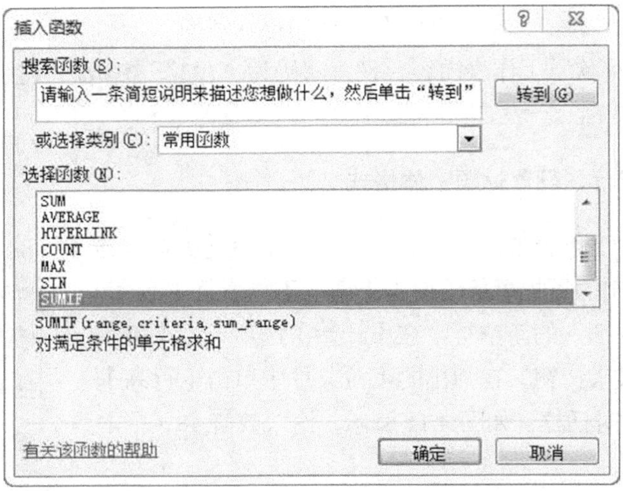

图 4.12 【插入函数】对话框

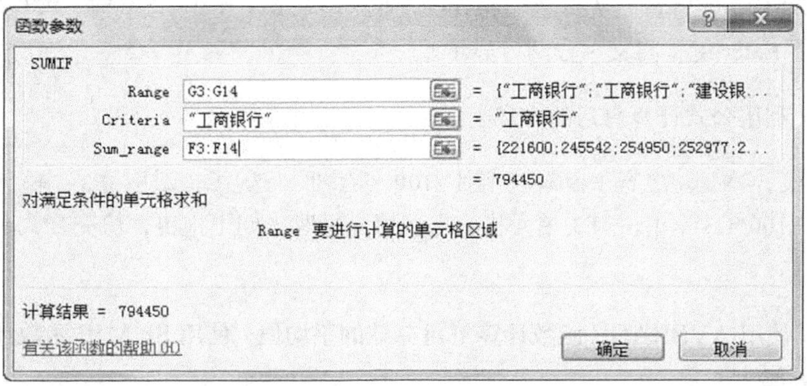

图 4.13 SUMIF 函数设置

步骤 4：使用条件格式

选中“本息（元）”列所在单元格区域 F3：F14，在【开始】选项卡的【样式】组中单击【条件格式】按钮，在弹出的下拉菜单中单击【新建规则】命令。弹出【新建格式规则】对话框，如图 4.14 所示。在【选择规则类型】列表中选择“只为包含以下内容的单元格设置格式”，设置条件 1 的“单元格数值”“小于”“250000”，单击【格式】按钮，在弹出的【单元格格式】对话框中选择【字体】选项卡，设置颜色为蓝色。单击【确定】按钮应用该格式。

同理，在【开始】选项卡的【样式】组中单击【条件格式】按钮，在弹出的下拉菜单中单击【新建规则】命令。弹出【新建格式规则】对话框，如图 4.15 所示。在【选择规则类型】列表中选择“只为包含以下内容的单元格设置格式”，设置条件 2 的“单元格数值”“大于或等于”“250000”，单击【格式】按钮，在弹出的【单元格格式】对话框中，选择【字体】选项卡，设置颜色为红色，单击【确定】按钮完成。

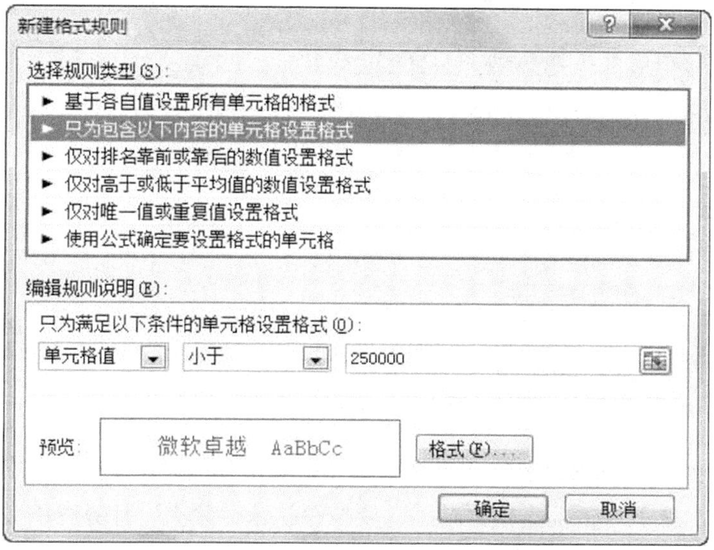

图 4.14 【新建格式规则】对话框

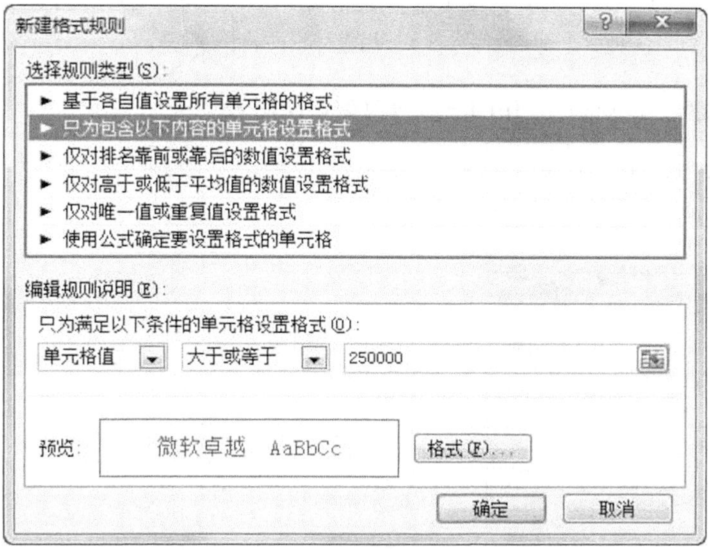

图 4.15 【新建格式规则】对话框

步骤 5：使用分类汇总统计各存款银行金额总和

选中 B2:B14,G2:G14,D2:D14 单元格区域中的数据，将其复制粘贴到新的工作表 A1：C13 区域中。双击 Sheet2 工作表标签的位置，将工作表的名称改为“分析结果”。选中 A1：C13 单元格区域，在【数据】选项卡的【排序和筛选】组中单击【排序】按钮，弹出【排序】对话框。在【主要关键字】中选择“存款银行”字段，排序方式选择“升序”，单击【确定】按钮完成，如图 4.16 所示。

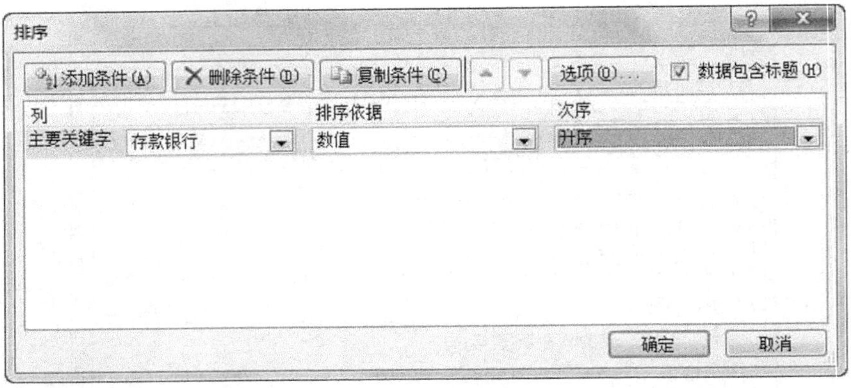

图 4.16 【排序】对话框

选中 A1：C13 单元格区域，在【数据】选项卡的【分级显示】组中单击【分类汇总】按钮，弹出【分类汇总】对话框。根据题意，要按存款银行分类，计算存款金额的总和，因此在【分类字段】栏中选择“存款银行”，在【汇总方式】栏中选择“求和”，在【选定汇总项】栏中选择“金额（元）”，单击【确定】按钮完成设置，如图 4.17 所示。

选中 A、B、C 列，在【开始】选项卡的【单元格】组中单击【格式】按钮，在弹出的下拉菜单中选择【自动调整列宽】命令，将各列设置为最适合的列宽。

步骤 6：创建各存款银行金额的三维分离型饼图图表

在“分析结果”工作表中，在分类汇总的结果上，单击工作表左边的二级分类汇总按钮 2，显示图 4.18 所示的二级分类汇总结果。

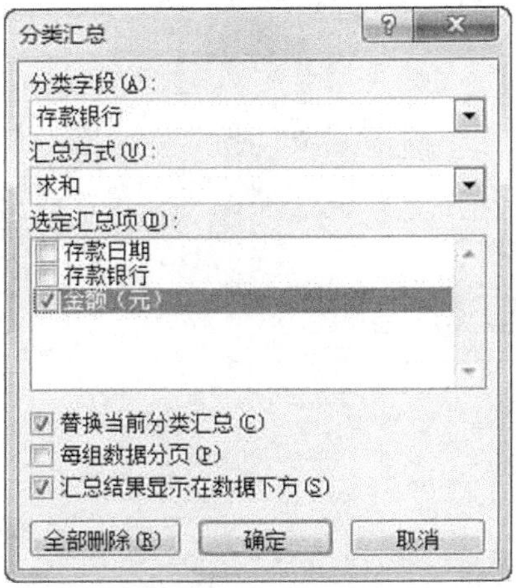

图 4.17 【分类汇总】对话框

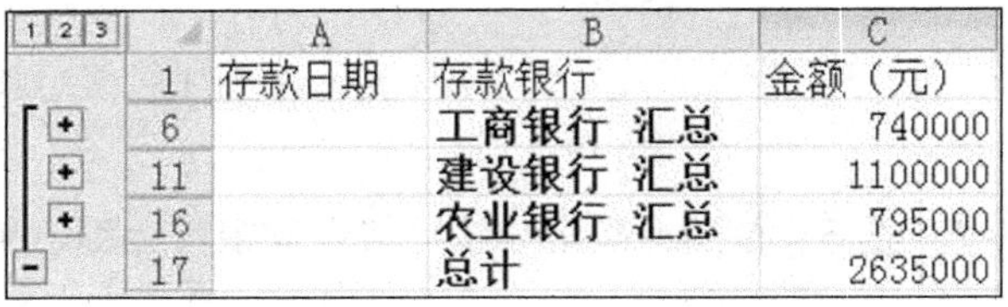

	A	B	C
1	存款日期	存款银行	金额（元）
6		工商银行 汇总	740000
11		建设银行 汇总	1100000
16		农业银行 汇总	795000
17		总计	2635000

图 4.18 分类汇总结果

在该汇总结果上，选中 B1:B16,C1:C16 单元格区域，在【插入】选项卡的【图表】组中单击右下角的扩展按钮。弹出【插入图表】对话框，选择“饼图”及其子图表“分离型三维饼图”，如图 4.19 所示，单击【确定】按钮即生成相应的图表。

选中生成的图表，在【图表工具—布局】选项卡的【标签】组中单击【图例】按钮，在弹出的下拉菜单中选择【在底部显示图例】命令，即调整图例的显示位置。

选中生成的图表，在【图表工具—布局】选项卡的【标签】组中单击【数据标签】按钮，在弹出的下拉菜单中选择【其他数据标签选项】命令。弹出【设置数据标签格式】对话框，在【标签选项】栏中将“百分比”复选框勾选，单击【关闭】按钮，如图4.20所示。

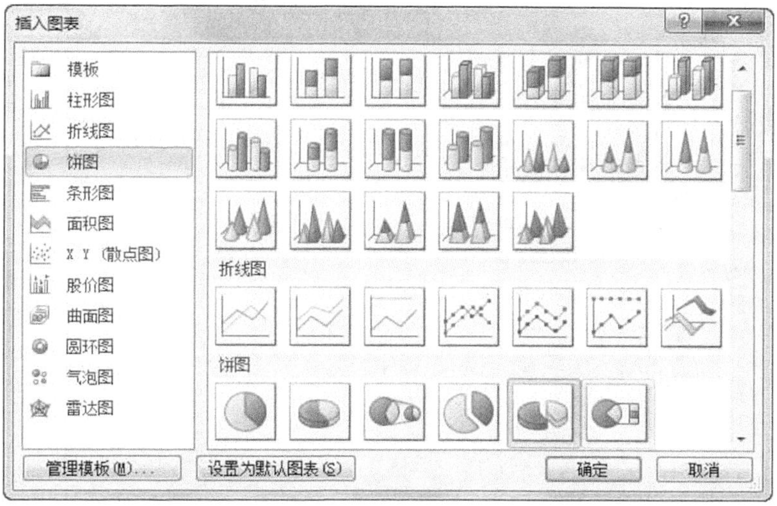

图4.19 【插入图表】对话框

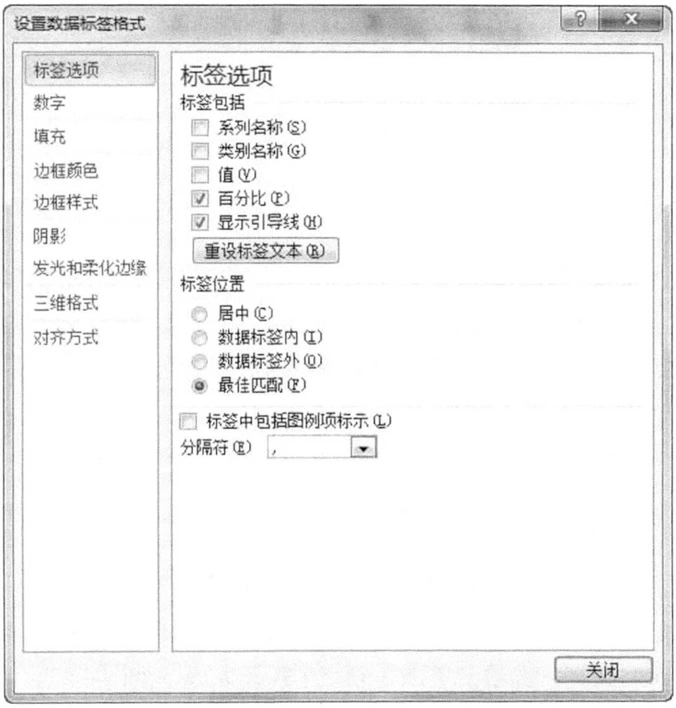

图4.20 【设置数据标签格式】对话框

选中生成的图表，在【图表工具—格式】选项卡的【形状样式】组中单击【形状填充】按钮 形状填充 。在弹出的下拉菜单中选择【渐变】命令下的【其他渐变】命令，如图 4.21 所示，弹出【设置图表区格式】对话框。

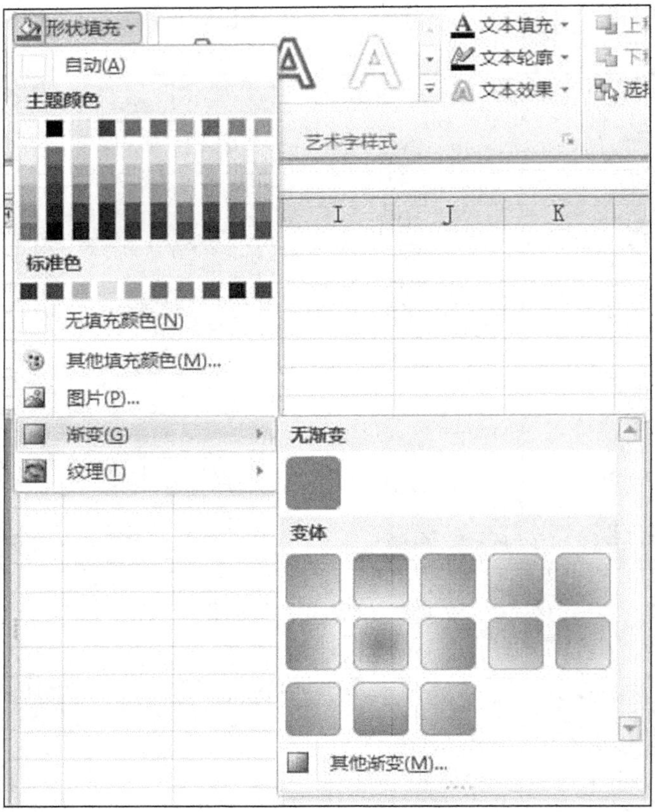

图 4.21　【渐变】菜单

或者右键单击生成的图表区，在弹出的快捷菜单中选择【设置图标区域格式】命令，即弹出【设置图表区格式】对话框。在该对话框的【填充】栏中选择“渐变填充”，单击【预设颜色】框的下拉按钮，在弹出的下拉列表中选择“雨后初晴”，如图 4.22 所示，单击【关闭】按钮即可将其应用在图表上。

通过拖曳位置、调整大小，将图表放置在单元格区域（A19:E30）中，如图 4.26 所示。

步骤 7：插入 WORD 对象

切换到“公司存款”工作表，选中 A18 单元格，在【插入】选项卡的【文本】组中单击【对象】按钮。在弹出的【对象】对话框中，选择【新建】选项卡，在【对象类型】列表框中选择“Microsoft Word 文档”选项，单击【确定】按钮完成，如图 4.23 所示。

这样就在 A18 单元格中插入了一个 Word 文档区域，在该区域输入相应的文字内容。

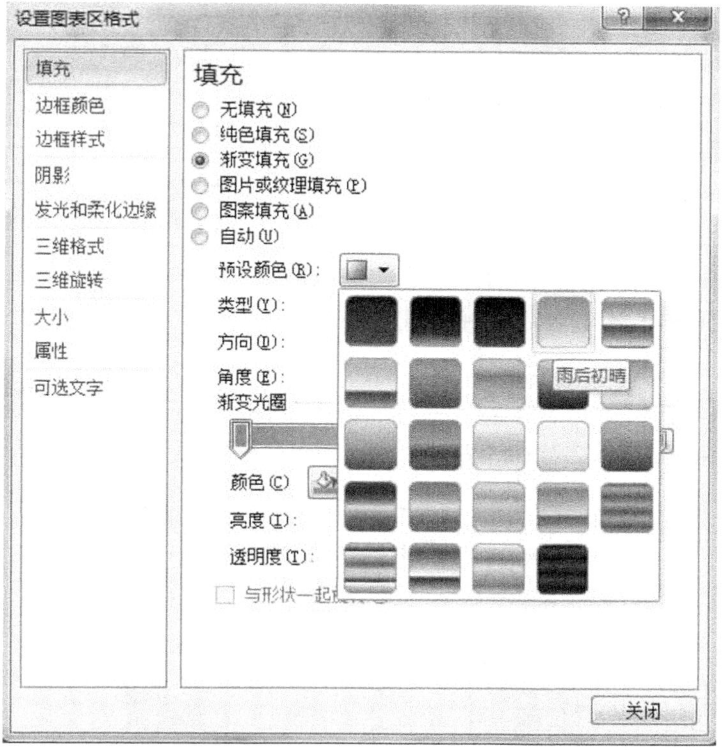

图 4.22 【设置图表区格式】对话框

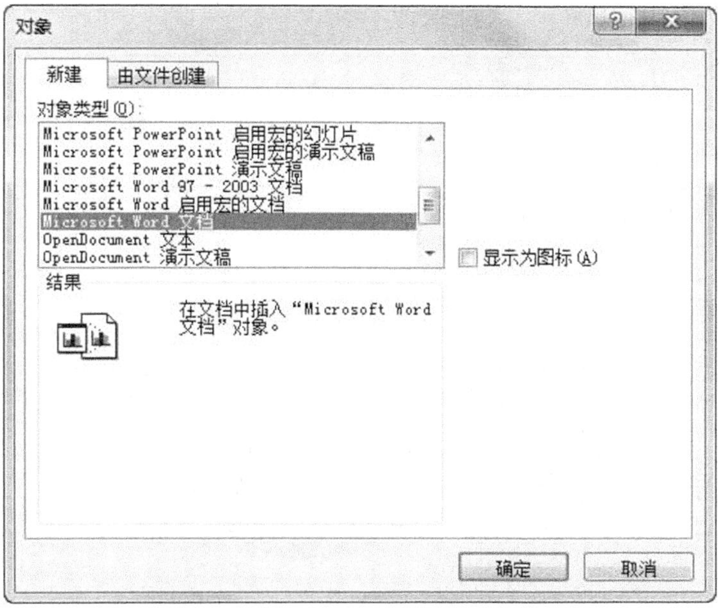

图 4.23 插入【对象】对话框

步骤 8：保护工作表内容

在“公司存款”工作表中，在【审阅】选项卡的【更改】组中单击【保护工作表】按钮，弹出【保护工作表】对话框，在【取消工作表保护时使用的密码】栏中输入相应的密码内容，还可以根据实际情况，在【允许此工作表的所有用户进行】列表框中勾选允许用户执行的操作，如图 4.24 所示。

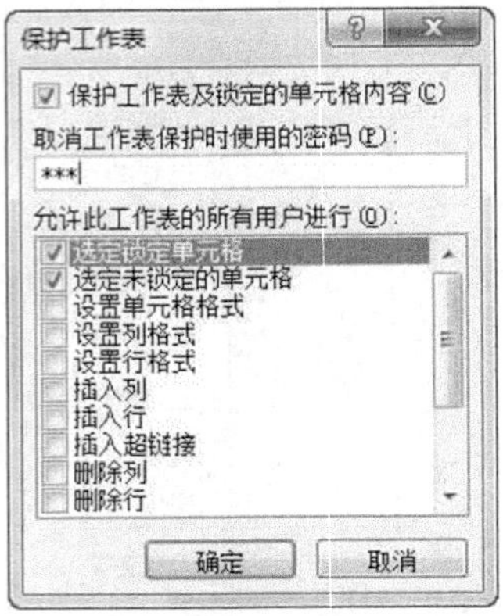

图 4.24 【保护工作表】对话框

单击【确定】按钮后，会弹出【确认密码】对话框，再次输入刚才的密码进行确认，单击【确定】按钮，即完成工作表的保护设置。

该项目的“公司存款”工作表最终效果如图 4.25 所示，“分析结果”工作表最终效果如图 4.26 所示。

海华公司存款表（2011年）

序号	存款日期	存期（年）	金额（元）	存款利率	本息（元）	存款银行	存款人
1	2011-1-1	3	200000	3.6	221600	工商银行	张仁
2	2011-2-1	3	220000	3.87	245542	工商银行	叶东
3	2011-3-1	1	250000	1.98	254950	建设银行	张仁
4	2011-4-1	3	230000	3.33	252977	农业银行	张仁
5	2011-5-1	5	200000	4.55	245500	建设银行	王敏
6	2011-6-1	3	225000	3.6	249300	农业银行	叶东
7	2011-7-1	1	180000	2.52	184536	工商银行	王敏
8	2011-8-1	1	140000	1.98	142772	工商银行	王敏
9	2011-9-1	5	350000	4.15	422625	建设银行	叶东
10	2011-10-1	3	150000	3.6	166200	农业银行	叶东
11	2011-11-1	5	190000	4.15	229425	农业银行	王敏
12	2011-12-1	1	300000	2.75	308250	建设银行	张仁
月平均存款			219583.3				
存入工商银行本息总额					794450		
注：该表“利率”为活期存款利率。							

图 4.25 “公司存款”工作表最终效果

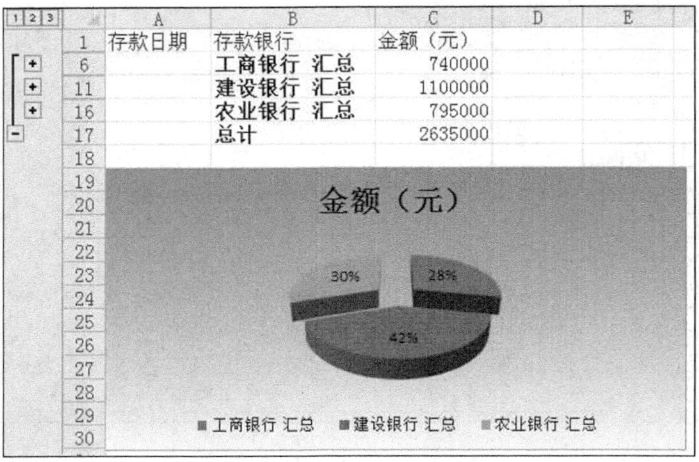

存款日期	存款银行	金额（元）
	工商银行 汇总	740000
	建设银行 汇总	1100000
	农业银行 汇总	795000
	总计	2635000

图 4.26 “分析结果”工作表最终效果图

【项目 4.3】计算学校歌手赛成绩表

打开 Excel2010 工作簿学校歌手赛成绩表.xlsx，该表用于存放海洋学院十佳歌手赛的成绩数据，要求完成如下操作。

1. 利用公式计算每位考生的平均分，公式为“平均得分=自选曲×0.7+指定曲×0.3”，保留 1 位小数。

2. 用 IF 函数对每位歌手评级，平均得分若在 90 分以上（含 90 分）为“优秀”，80 分以上（含 80 分）90 分以下为“良好”，否则为“合格”。

3. 利用 COUNTIF 函数计算评级为优秀的人数，并放置于 G14 单元格中。

4. 利用 RANK 函数对每位歌手按平均得分降序排名，置于 H2:H10 单元格区域中。

5. 利用函数计算歌手演唱得分的最高分与最低分，并分别放置于 F12 与 F13 单元格中。

6. 将单元格区域（A1:H10）设置双线外边框，单实线内边框，并将标题区域（A1:H1）设置 12.5%灰色图案（图案框第 1 行第 5 列的样式），底纹颜色为黄色（颜色框第 4 行第 3 列）。

7. 使用数据透视表的功能统计各系部各唱法的人数及平均分（保留 1 位小数），透视表的显示位置为新建工作表，并改名为“统计”。

8. 保护本工作簿结构，密码为“E402”，完成后直接保存工作簿。

步骤 1：利用公式计算每位考生的平均分

根据公式，平均得分=自选曲×0.7+指定曲×0.3，选中 F2 单元格，输入计算公式：“=D2×0.7+E2×0.3”，单击 F2 单元格，出现填充柄时，向下拖曳，填充公式，计算出每位考生的平均分。

该结果要保留 1 位小数，因此选中平均得分所在单元格区域，在【开始】选项卡的【单元格】组中单击【格式】按钮，在弹出的下拉菜单中选择【设置单元格格式】命令，弹出【设置单元格格式】对话框。在【数字】选项卡的【分类】列表框里，选中【数值】，将小数位数设为 1，单击【确定】按钮完成，如图 4.27 所示。

步骤 2：用 IF 函数对每位歌手评级

选中 G2 单元格，先计算第 1 位歌手的级别。在【开始】选项卡的【编辑】组中单击【自动求和】按钮 Σ 自动求和 ▾，在弹出的下拉菜单中选择【其他函数】命令，在弹出的【插入函数】对话框中，选择 IF 函数，单击【确定】按钮，弹出【函数参数】对话框。IF 函数有 3 个参数需要设置，Logical_test 参数用于设置判断的条件，Value_if_true 参数用于设置条件成立返回的值，Value_if_false 参数用于设置条件不成立返回的值。根据题意，根据歌手的平均得分进行判断，且有多个级别，平均得分若在 90 分以上（含 90 分）为“优秀”，80 分以上（含 80 分）90 分以下为“良好”，否则为“合格”。因此设置 Logical_test 值为 F2>=90，Value_if_true 值为“优秀”，条件大于等于 90 分若不成立的话，还要再进行判断平均得分有没有大于等于 80 分才能确定最终的级别，所以在 Value_if_false 值中还需再使用 IF 函数进行判断，因此 Value_if_false 值为 IF(F2>=80,"良好","合格")，单击【确定】按钮，如图 4.28 所示。

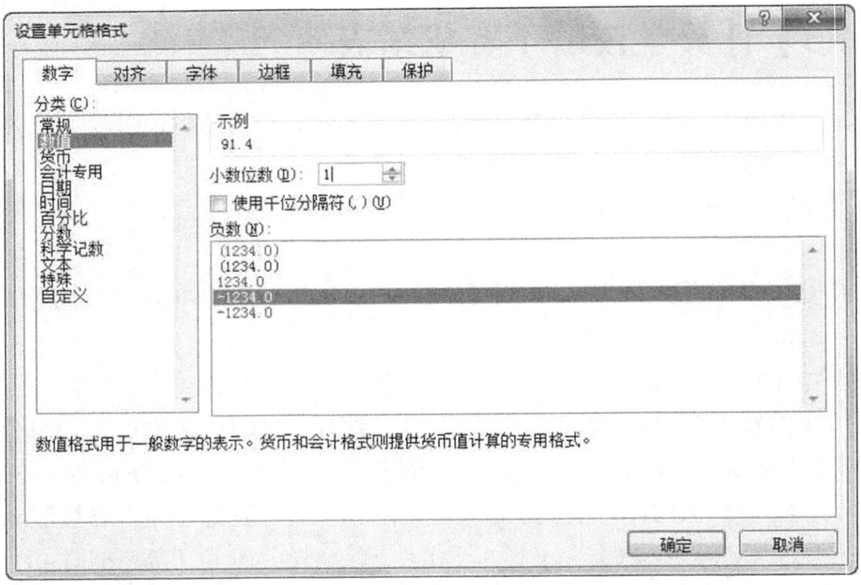

图 4.27 【设置单元格格式】对话框

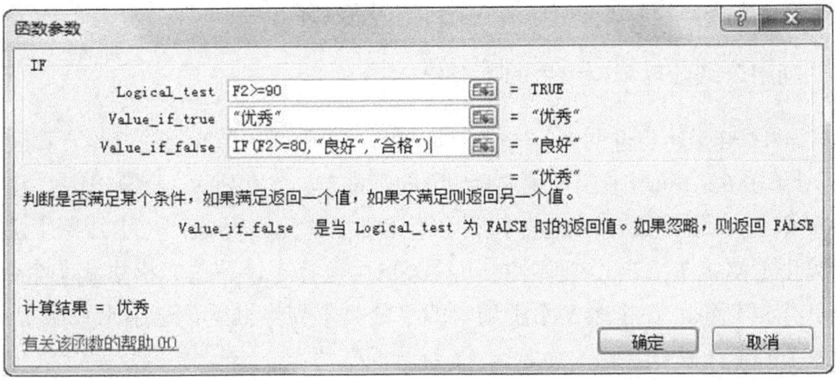

图 4.28 IF 函数设置

单击 G2 单元格，出现填充柄时，向下拖曳，填充公式，计算出每位考生的级别。

步骤 3：利用 COUNTIF 函数计算评级为优秀的人数

选中 G14 单元格，在【开始】选项卡的【编辑】组中单击【自动求和】按钮 Σ 自动求和 ▾，在弹出的下拉菜单中选择【其他函数】命令，在弹出的【插入函数】对话框中，选择 COUNTIF 函数，单击【确定】按钮，弹出【函数参数】对话框。COUNTIF 函数有 2 个参数需要设置，Range 参数用于设置要统计的数据区域，Criteria 参数用于设置条件具体值。根据题意，应在“评级”中计算“优秀”的个数。因此设置 Range 值为 G2:G10，Criteria 值为“优秀”，单击【确定】按钮，如图 4.29 所示。

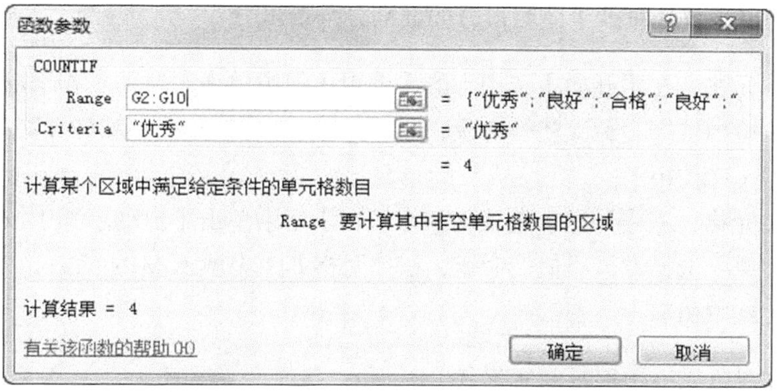

图 4.29　COUNTIF 函数设置

步骤 4：利用 RANK 函数对每位歌手按平均得分降序排名

选中 H2 单元格，先计算第 1 位歌手的排名。在【开始】选项卡的【编辑】组中单击【自动求和】按钮 Σ 自动求和 ▾，在弹出的下拉菜单上选择【其他函数】命令，在弹出的【插入函数】对话框中，选择 RANK 函数，单击【确定】按钮，弹出【函数参数】对话框。RANK 函数有 3 个参数需要设置，Number 参数用于设置参与排序的具体数值，Ref 参数用于设置排序比较的范围，Order 参数用于设置排位的方式，如果为 0 或者忽略，则降序，如果为非零值，则升序。根据题意，应该将第 1 位歌手的平均得分与所有歌手的平均得分比较，进行排位。因此设置 Number 值为 F2，Ref 值为$F$2:$F$10，注意，这里 Ref 表示比较的范围，因为其他歌手也是固定在这个范围内比较，所以 Ref 参数的单元格地址用以绝对引用方式，加上$符号，Order 值为 0，单击【确定】按钮，如图 4.30 所示。

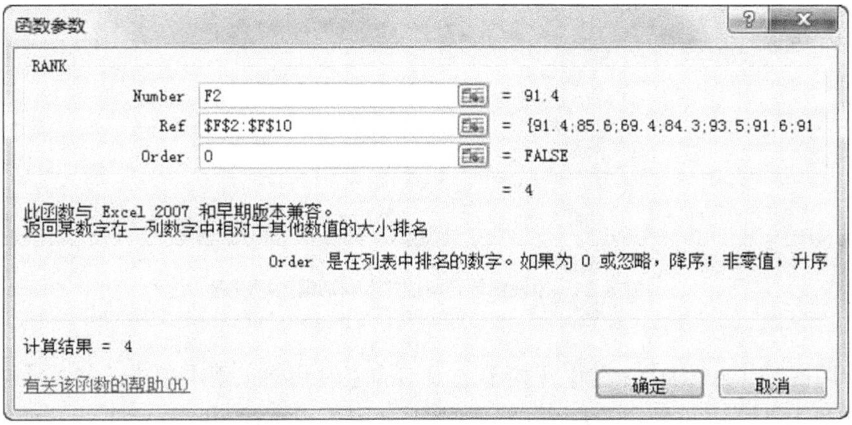

图 4.30　RANK 函数设置

单击 H2 单元格，出现填充柄时，向下拖曳，填充公式，计算出每位考生的排名。

步骤 5：利用函数计算歌手演唱得分的最高分与最低分

选中 F12 单元格，在【开始】选项卡的【编辑】组中单击【自动求和】按钮 Σ 自动求和 ▾，在弹出的下拉菜单中选择“最大值”命令，在单元格 F12 中填入 MAX 函数，将相应的单元格区域地址改为（F2:F10）。

选中 F13 单元格，在【开始】选项卡的【编辑】组中单击【自动求和】按钮 Σ 自动求和 ▾，在弹出的下拉菜单上选择“最小值”命令，在单元格 F11 中填入 MIN 函数，将相应的单元格区域地址改为（F2:F10）。

步骤 6：设置单元格边框及图案格式

选中单元格区域（A1:H10），在【开始】选项卡的【单元格】组中单击【格式】按钮，在弹出的下拉菜单中选择【设置单元格格式】命令。弹出【设置单元格格式】对话框，单击【边框】选项卡，在【样式】列表框中选中双实线样式，单击【外边框】按钮。在【样式】列表框中选中单实线样式，单击【内部】按钮。单击【确定】按钮完成设置，如图 4.31 所示。

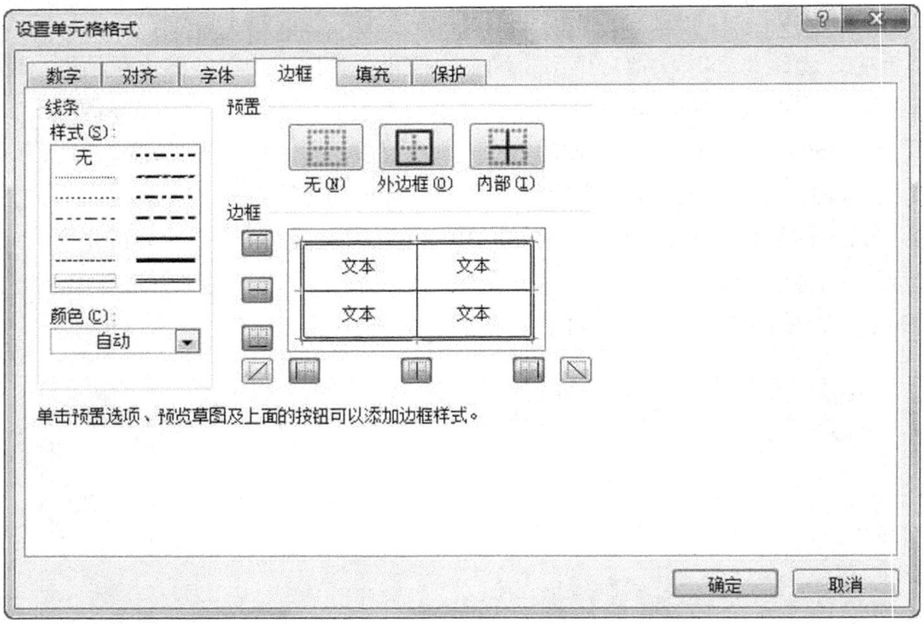

图 4.31 【设置单元格格式】对话框边框设置

选中标题区域（A1:H1），在【开始】选项卡的【单元格】组中单击【格式】按钮，在弹出的下拉菜单中选择【设置单元格格式】命令。弹出【设置单元格格式】对话框，单击【填充】选项卡，在【填充】对话框上，单击【图案样式】下拉按钮，在下拉列表中选择 12.5% 灰色图案（图案框第 1 行第 5 列的样式），在【背景色】栏中选择黄色底纹，单击【确定】按钮，如图 4.32 所示。

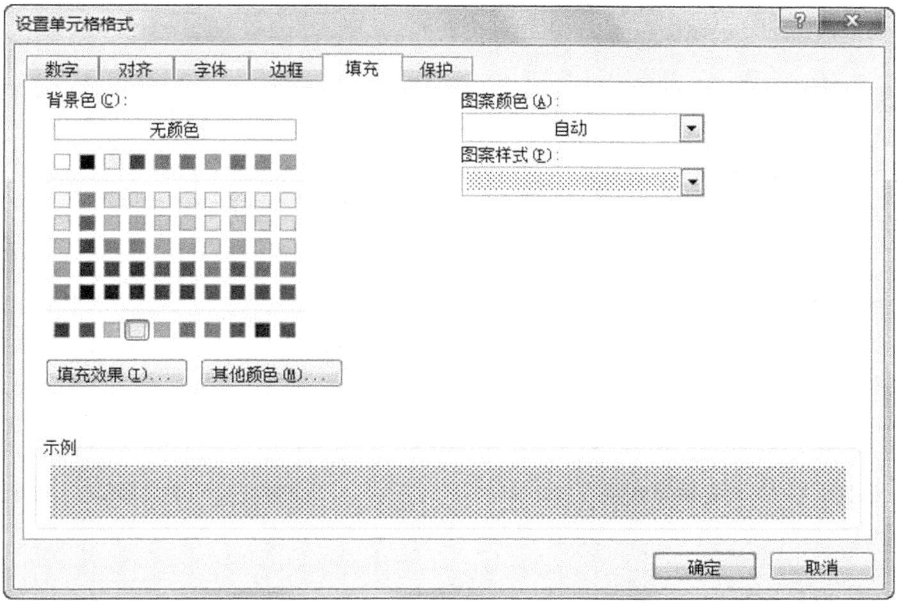

图 4.32 【设置单元格格式】对话框图案设置

步骤 7：使用数据透视表统计各系部各唱法的人数及平均分

选择数据清单的任一单元格，在【插入】选项卡的【表格】组中单击【数据透视表】按钮，在下拉菜单中选择【数据透视表】命令。

弹出【创建数据透视表】对话框，在【表/区域】中选择数据源所在的单元格区域 A1:H10，在【选择放置数据透视表的位置】中选择“新工作表”，如图 4.33 所示，单击【确定】按钮。

在新工作表中自动显示数据透视表的基本版式，并在窗口右边显示【数据透视表字段列表】任务窗格，这里要统计各系部各唱法的人数及平均分，即将数据按部门和唱法分类，统计姓名的个数和计算平均分，所以应该将【部门】字段放在【行标签】区域，将【唱法类别】字段放在【列标签】区域，将【姓名】字段和【平均得分】字段放在【数据】区域，对【姓名】字段进行计数，对【平均得分】字段进行平均值计算。

通过鼠标将【部门】字段拖曳至【行标签】区域，将【唱法类别】字段拖曳至【列标签】区域，将【姓名】字段和【平均得分】字段拖曳至【数据】区域，默认会以求和方式进行汇总，这里需要更改汇总方式为求平均值，因此在【数值】区域的【求和项：平均得分】上单击，在快捷菜单中选择【值字段设置】命令，弹出【值字段设置】对话框，在【值字段汇总方式】列表框中选择【平均值】汇总方式，如图 4.34 所示，单击【确定】按钮。

最终任务窗格的设置如图 4.35 所示。

生成了数据透视表，得到的平均分结果要保留 1 位小数，在数据透视表上，用鼠标右键单击选中平均分所在单元格，在弹出的快捷菜单中选择【设置单元格格式】命令。弹出【单元格格式】对话框，在【数字】选项卡的【分类】列表框里，选中【数值】，将小数位数设为 1，单击【确定】按钮完成。

双击 Sheet1 工作表标签位置，将工作表名改为“统计”。

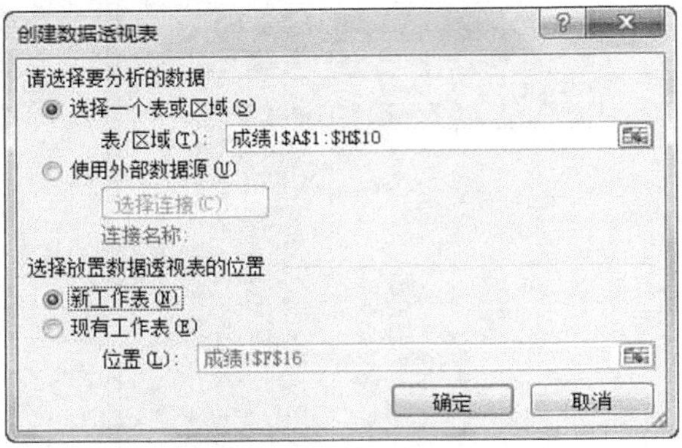

图 4.33 【创建数据透视表】对话框

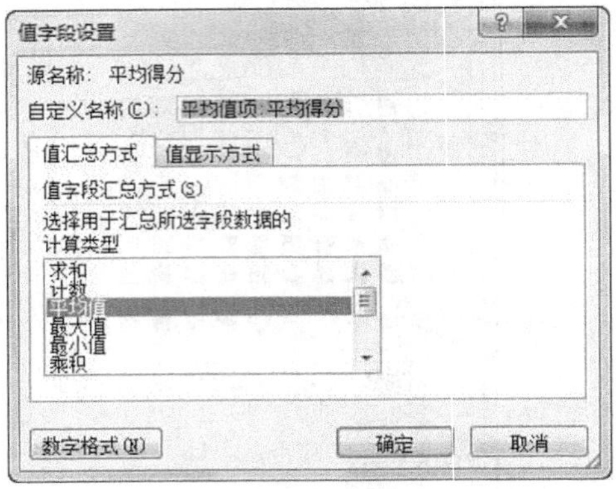

图 4.34 【值字段设置】对话框

步骤 8：保护工作簿

在【审阅】选项卡的【更改】组中单击【保护工作簿】按钮，弹出【保护工作簿】对话框，将其中的“结构”选项勾取，在【密码】栏中输入相应的密码内容，如图 4.36 所示。单击【确定】按钮后，会弹出【确认密码】对话框，再次输入刚才的密码进行确认，单击【确定】按钮，即完成工作簿的保护设置。

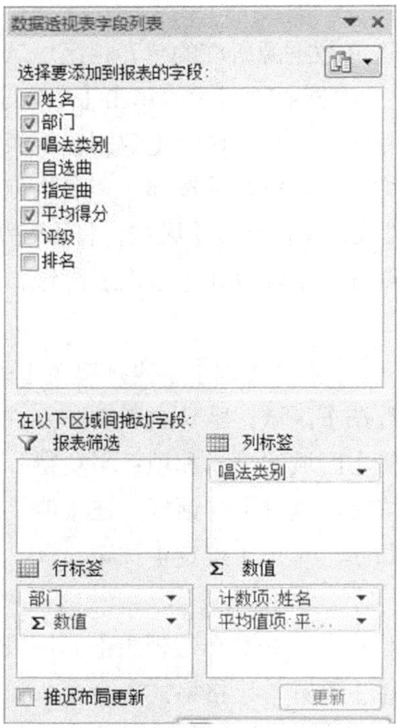

图 4.35 【数据透视表字段列表】面板设置

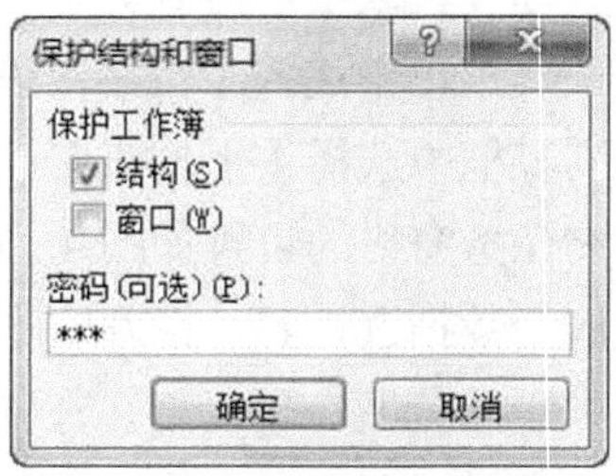

图 4.36 【保护工作簿】对话框

项目 4.3“成绩”工作表的最终效果如图 4.37 所示，“统计”工作表的最终效果如图 4.38 所示。

	A	B	C	D	E	F	G	H
1	姓名	部门	唱法类别	自选曲	指定曲	平均得分	评级	排名
2	叶飞	中文系	美声	92	90	91.4	优秀	4
3	李红	外语系	通俗	85	87	85.6	良好	5
4	陈晨	计算机系	民族	70	68	69.4	合格	9
5	林锋	计算机系	通俗	81	92	84.3	良好	6
6	黄健	外语系	民族	95	90	93.5	优秀	1
7	吴延	中文系	美声	91	93	91.6	优秀	2
8	张飞	外语系	通俗	90	95	91.5	优秀	3
9	刘言	计算机系	民族	85	72	81.1	良好	8
10	王凤	中文系	民族	81	85	82.2	良好	7
11								
12	最高分					93.5		
13	最低分					69.4		
14	优秀人数						4	

图 4.37 “成绩”工作表的效果图

	A	B	C	D	E
1					
2					
3		列标签			
4	行标签	美声	民族	通俗	总计
5	计算机系				
6	计数项:姓名		2	1	3
7	平均值项:平均得分		75.3	84.3	78.3
8	外语系				
9	计数项:姓名		1	2	3
10	平均值项:平均得分		93.5	88.6	90.2
11	中文系				
12	计数项:姓名	2	1		3
13	平均值项:平均得分	91.5	82.2		88.4
14	**计数项:姓名汇总**	**2**	**4**	**3**	**9**
15	**平均值项:平均得分汇总**	**91.5**	**81.6**	**87.1**	**85.6**

图 4.38 “统计”工作表的数据透视表效果图

实训小结

本章主要通过 3 个实训项目的操作，综合运用 Excel 2010 的表格数据的编辑、计算、管理和分析功能，利用 Excel 2010 实现公式、函数的引用，进行数据图表化及数据管理分析如排序、筛选、分类汇总等操作，进一步巩固提高 Excel 的运用能力。

操作习题

1. 打开 Ex401.xlsx 工作簿，工作表“学生人数情况”用于存放高校 2006 年博士、硕士和普通本专科男女学生人数数据，要求完成如下操作。

（1）在工作表的第 1 行前插入两行空行作为工作表的标题，合并居中 A1:D2 单元格区域，并输入主标题：“高等院校 2006 年博士、硕士和普通本专科男女学生人数情况表”，标题采用楷体、粗体、红色、11 号字。

（2）将主标题行设置为单元格底纹黄色，图案 6.25%灰色（图案框第 1 行第 6 列的样式），颜色为蓝色。

（3）合并单元格 D5:D6，用公式法计算博士生男女合计人数，保留两位小数，并用拖曳填充柄的方法分别计算硕士生、普通本科生和普通专科生的男女合计人数。

（4）在单元格 D4 中插入批注，内容为“统计每种学历的男女生合计人数”。

（5）在单元格区域（A4:C12）所构成的数据清单中，筛选不包括普通专科学历的学生人数情况记录。

（6）做出博士、硕士和普通本科男女学生人数情况的堆积数据点折线图，系列产生在列，图表标题为“男女生人数图表”，分类 X 轴为“学历”，数值 Y 轴为“人数（万人）”，数据标签选择“值”，不显示图例，其余默认设置，产生的图表放置于工作表中的（A15:E27）单元格区域内。

（7）完成后直接保存工作簿。

2. 打开 Ex402.xlsx 工作簿，“销售数据”工作表用于存放朝阳公司第一季度五个分店的销售数据，要求完成下列操作。

（1）在“销售数据”工作表第 7 行后插入两空行，并利用数据记录单在其中补充如下数据：

金山分店　208　186　212　178

五四分店　263　204　198　206

（2）在“销售数据”工作表中，给单元格区域（A1：F11）设置实线内外边框。

（3）用函数法计算各商品“合计数量”。

（4）用公式法计算“合计金额”行的各商品销售金额（如：电冰箱合计金额=电冰箱平均单价×电冰箱合计数量）及 F 列的各分店“销售总金额”（如：第一分店销售总金额=电冰箱平均单价×第一分店电冰箱销售数量+……+数码相机平均单价×第一分店数码相机销售数量）。

（5）将“销售数据”工作表复制到新表，并改名为“销售情况”工作表。

（6）将“销售情况”工作表的第 1、2、10、11 行复制到“统计”工作表的头四行，并在“统计”工作表中按各商品的合计数量制作饼图，使其位于“统计”工作表中的（B6：E13）单元格区域内。

（7）完成后直接保存工作簿。

3. 打开 Ex403.xlsx 文件，“收入与支出”工作表存放了某人 12 个月的收入与支出情况，要求完成下列操作。

（1）在工作表中添加“食物消费比”列，用公式求出其值，公式为“食物消费比=食物消费/收入”。

（2）“食物消费比”用百分数形式显示，保留两位小数。

（3）用函数分别求“收入”“房租水电”“通信费”“食物消费”的总额，放在“全年收支”行。

（4）在 A1：E13 所构成的数据清单中，执行“数据/数据透视表和图表报告”命令，数据项区域求“收入”“房租水电”“通信费”“食物消费”平均值，结果数据保留两位小数，数据透视表的显示位置为新建工作表。

（5）将新产生的工作表名改为“各月均值”。

（6）在“收入与支出”工作表中，建立“各项费用比较”饼图图表，数据标志选择“显示值”，产生的图表放在原数据下方。

（7）完成后直接保存工作簿。

4. 打开 Ex404.xlsx 工作簿，在“工资”工作表中完成如下操作。

（1）在“姓名”字段左边增加 1 列，字段名为“教工号”，用拖曳填充柄的方法填写该列数据（分别为管理 001、管理 002、……、管理 010）。

（2）用公式法计算各教师的“工资总额”，公式为“工资总额=基本工资+绩效工资”。

（3）在“最高工资”行用函数法得出教师中的“基本工资”“绩效工资”和“工资总额”的最高值。

（4）该工作表中字体设为楷体，字号为 10 磅，数据水平居中、垂直居中，内外框实线。

（5）用分类汇总的方法计算各职称的“工资总额”的平均值。

（6）作出各职称的“工资总额”平均值的“堆积数据点折线图”，使其位于该工作表中的（A19：F27）单元格区域内。

（7）完成后直接保存工作簿。

5. 打开 Ex405.xlsx 工作簿，要求完成如下操作。

（1）使用数据记录单的功能在第 11 行为“成绩”工作表添加一条记录：

00010　陈果　1989-8-9　78　81　75

（2）用函数法计算“成绩”工作表中各学生的“平均分”，保留一位小数。

（3）在“英语”与“平均分”之间插入“评级”列，并用条件函数对每个学生评级：平均分若在 85 分以上（含 85 分）为优秀，否则为合格。

（4）作出各个学生三门课程成绩的簇状柱形图，使其位于“成绩”工作表中的（A13：H23）单元格区域中。

（5）将“成绩”工作表区域（A1：H11）中的数据复制到名为“筛选”的工作表中。

（6）在“筛选”工作表中筛选平均分前三名且数学成绩在 90 分以上（含 90 分）的记录。

（7）完成后直接保存工作簿。

6. 打开 Ex406.xlsx 工作簿，“销售”工作表用于存放东方公司 2005 年各分店的汽车销售数据，要求完成下列操作。

（1）使用函数法计算各分店全年的销售量。

（2）在 G3 单元格填入“销售额（万元）”，并在该列用公式计算出各分店的全年销售额，公式为“销售额=全年销售量×售出单价”，结果保留一位小数。

（3）将数据清单区域（A3：G13）中的数据按“销售额（万元）”由小到大的顺序排。

（4）使用函数计算所有分店销售额平均值，并填入单元格 G15。

（5）将标题区域（A1：G1）合并居中，副标题区域（A2：G2）合并水平左对齐，将部门列宽度设置为“最适合的列宽”，设置单元格区域（A3：G13）的外边框线条样式为双线、内表线为最细单线，并设置 12.5%的灰色图案（图案框第 1 行第 5 列的样式）。

（6）建立各分店各季度销售量的折线图，其中选项“系列产生在”行，“图表标题”设置为“各分店各季度销售量”；使该图表位于工作表中的（A17：G28）单元格区域中。

（7）完成后直接保存工作簿。

7. 打开 Ex407.xlsx 工作簿，工作表“资金情况”用于存放某人投资股票的资金流水详细情况，要求完成如下操作。

（1）在（A3:F7）区域所构成的数据清单中，利用记录单，输入：

2007-11-01　卖　600016　民生银行　3000　17.20

2007-11-01　卖　000839　中信国安　3000　34.50

（2）在“成交价”列的右边依次插入“变动金额（元）”、“资金余额（元）”列，并分别设置“最适合的列宽”。

（3）用公式法计算每次股票买卖的变动金额和资金余额，公式为“变动金额=成交价×成交股数×1（或-1）”（提示：最后一项用 IF 函数实现，即若为买，函数值为-1，否则为 1），资金余额=上次资金余额+本次变动金额（其中，资金余额的初值即原始金额（B 值），均保留两位小数）。

（4）将标题设置为黑体、20 号、加粗、红色、（A1：H1）合并水平居中，副标题（A2：B2）内容水平居中，单元格区域（A3：H9）设置实线内外边框，并将各列标题设置为 6.25%灰色图案（图案框第 1 行第 6 列的样式）。

（5）将（A3：B9，D3：G9）区域中的数据复制到新表的（A1：F7）区域内，改表名为“买卖情况”，并在（A1：F7）所构成的数据清单中，用分类汇总的方法计算各股票的“变动金额”的总和。

（6）在“买卖情况”工作表的单元格 F12 中用公式法计算总收益率，公式为“总收益率=总收入/原始金额”，用百分比表示，保留两位小数。

（7）完成后直接保存工作簿。

8. 打开 Ex408.xlsx 工作簿，“保费收入情况”工作表中的内容是某保险公司 2008 年度各地区保费收入情况，要求完成如下操作。

（1）在工作表的第 1 行前插入两行空行作为工作表的标题，合并 A1:D2 单元格，并输入标题“保费收入情况表”，标题采用楷体、20 磅、红色。

（2）在单元格 D22 中使用函数向导计算保费收入总值，保留两位小数。

（3）设置单元格区域（A22:D22）底纹颜色为红色，图案为 12.5%灰色（图案框中第 1 行第 5 列的样式）。

（4）使用数据透视表的功能统计各个地区各险种的保费收入总和，透视表的显示位置为“新建工作表”，并改名为“数据透视表”。

（5）在“保费收入情况”工作表单元格区域（A3:D20）所构成的数据清单中，先按地区升序排列，再利用自动筛选功能筛选各地区健康保险的记录。

（6）将各经理健康保险的保费收入数据绘制饼图图表，其中数据标签包括“值”，图表标题为“各经理健康保险业绩”，楷体，字号 16，标题区域红色图案，其他为默认设置，产生的图表放置在“保费收入情况”工作表（A24:E35）单元格区域中。

（7）完成后直接保存工作簿。

9. 打开 Ex409.xlsx 工作簿，“成绩”工作簿用于存放学生的成绩情况，要求完成如下操作。

（1）在该工作表的第 1 行前插入两行空行，将 A1:D2 单元格合并居中，并输入标题：“成绩表”，标题采用黑体、20 磅、红色。

（2）利用记录单，在“李林”与“洪果”记录之间插入以下两条记录：

罗云　74　80

陈光　96　91

（3）用公式法计算每个学生的总评成绩，公式为“总评=平时×30%+期末×70%”，保留一位小数。

（4）用函数向导统计所有学生的平时、期末、总评的平均成绩，并分别放入 B14、C14 和 D14 中，保留一位小数。

（5）将（A3:D12）区域中的数据复制到新表（A1:D10）单元格区域中，表名改为“筛选”，并在 A1:D10 所构成的数据清单中，筛选总评成绩前三名的学生记录。

（6）在“筛选”工作表中以姓名为系列，为平时、期末、总评三列建立“簇状柱形图”，系列产生在列，图表标题为“前三名成绩”，图例位置在底部，其余为默认设置。

（7）完成后直接保存工作簿。

10. 打开 Ex410.xlsx 工作簿，“保费收入情况”工作表中的内容是某保险公司 2006 年度各个地区保费收入情况，要求完成如下操作。

（1）在工作表的第 1 行前插入两空行作为工作表的标题，合并 A1：D2 单元格，在此单元格中输入标题：“保费收入情况表”，标题采用黑体、20 磅、红色。

（2）在单元格 D22 中的使用函数向导计算保费收入平均值。

（3）将 A3：D20 中的数据先按“地区”的递增排序，再按“保费收入”的递减排序。

（4）将 A3：D20 中的数据复制到新表单元格区域（A1：D18），改表名为“保费收入平均值”。

（5）在“保费收入平均值”工作表中，使用分类汇总的功能计算各个地区的“保费收入”的平均值，汇总结果显示在数据下方，地区列设置为“最适合的列宽”。

（6）将各地区保费收入平均值的数据（分类标志为地区）绘制饼图图表，其中数据标志设置为显示“类别名称”和“百分比”，其他为默认设置，产生的图表放置在“保费收入平均值”工作表中的（A24：D36）单元格区域中。

（7）完成后直接保存工作簿。

第 5 章 PowerPoint 2010 应用

实训目标

● 掌握使用 PowerPoint 2010 制作演示文稿的方法，用于学术交流、产品展示。

● 掌握幻灯片的设计操作。

● 掌握幻灯片放映的运行与控制操作。

实训内容

● 通过项目 5.1“设置操作系统简介演示文稿”，掌握设计模板的应用、幻灯片的切换、动画方案的应用、幻灯片的隐藏、图片的添加、超链接的设置等操作。

● 通过项目 5.2“设置第 26 届世界大运会演示文稿”，掌握幻灯片的背景设置、动画的应用、使用 Excel 文件创建图表等操作。

● 通过项目 5.3“设置神舟六号演示文稿”，掌握幻灯片母版的应用、背景的设置、动作按钮的设置、声音的添加等操作。

【项目 5.1】设置操作系统简介演示文稿

打开演示文稿操作系统简介.pptx，完成如下操作。

1. 将所有幻灯片应用“波形”主题，并为第 1 张幻灯片的文本“Unix 操作系统”设置超级链接，使放映时单击该链接可跳转到第 3 张幻灯片上。

2. 将第 1 张幻灯片标题的字体设为“隶书”，字号“50”，“向右偏移”阴影样式，在单击时，延时 3 秒后，以慢速、棋盘方式进入幻灯片。

3. 将第 3 张幻灯片的切换方案设置为“溶解”，放映时隐藏第 4 张幻灯片。

4. 将第 5 张幻灯片的版式改为“两栏内容”，并在内容框中插入 Pt501.jpg 图片文件，在该图上建立超级链接，使单击该链接时跳转到第 1 张幻灯片。

5. 完成后直接保存。

步骤 1：为幻灯片应用主题，设置超链接

单击【设计】选项卡【主题】组的下拉按钮，在弹出的下拉列表中单击选中“波形”主题，将其应用到所有幻灯片上，如图 5.1 所示。

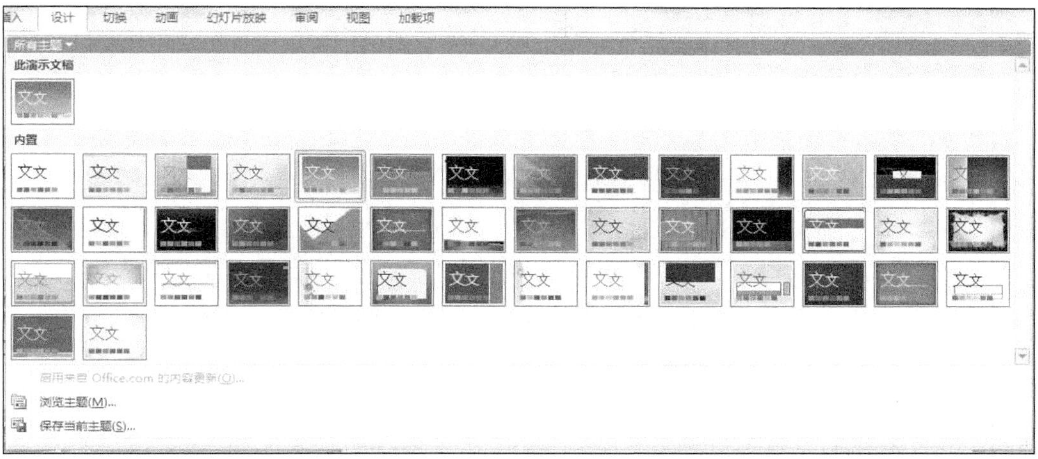

图 5.1 【主题】下拉列表

在第 1 张幻灯片上选中文本“Unix 操作系统”，单击【插入】选项卡【链接】组的【超链接】按钮。弹出【插入超链接】对话框，在【链接到】栏中单击选中“本文档中的位置”选项，在【请选择文档中的位置】栏中单击选中“3. Unix 操作系统”，单击【确定】按钮完成超链接的设置，如图 5.2 所示。

步骤 2：设置标题字体格式及自定义动画效果

在第 1 张幻灯片中，选中标题文本，在【开始】选项卡的【字体】组中分别设置文本字体为“隶书”，字号“50”。单击【绘图工具—格式】选项卡【艺术字样式】组的【文本效果】下拉按钮，在下拉列表中选择“向右偏移”样式，将其应用到标题上，如图 5.3 所示。

选中标题文本，单击【动画】选项卡【动画】组的下拉按钮，在弹出的下拉列表中选择【更多进入效果】命令，弹出【更改进入效果】对话框，在对话框中选择“棋盘”，单击【确定】按钮，如图 5.4 所示。

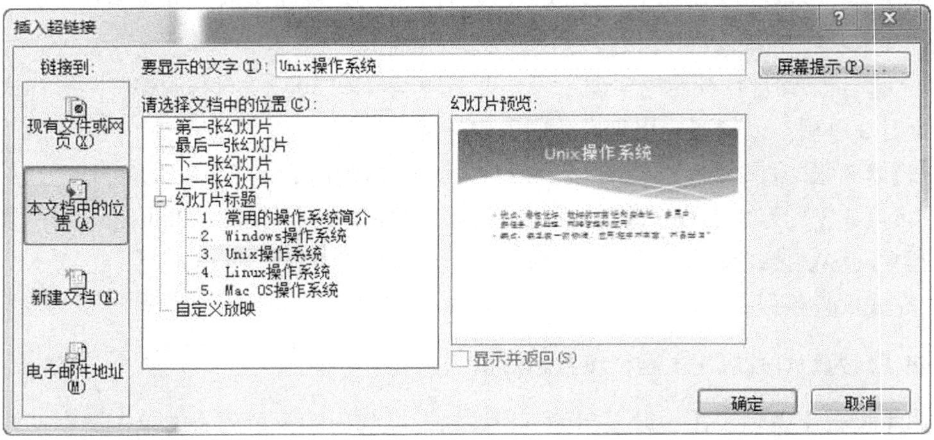

图 5.2 【插入超链接】对话框

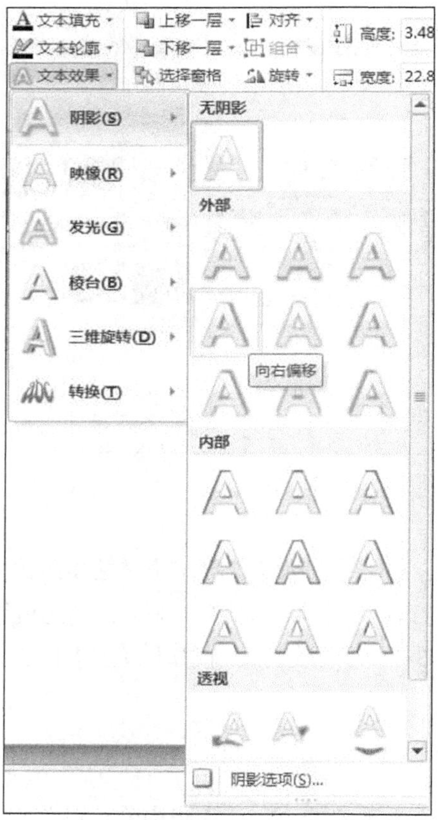

图 5.3 【阴影】下拉列表

图 5.4 【更改进入效果】对话框

单击【动画】选项卡【高级动画】组的【动画窗格】按钮，打开【动画窗格】面板，标题文本的棋盘动画效果已添加到【动画窗格】列表框。根据题意，要设置在单击时，延时 3 秒后，以慢速方式进入幻灯片，因此在【动画窗格】列表框右键单击标题文本动画，在弹出的快捷菜单上选择【效果选项】命令，弹出【棋盘】对话框，单击【计时】选项卡，如图 5.5 所示。在【开始】栏中设置开始方式为“单击时”，在【期间】栏中选择“慢速（3 秒）”，在【延迟】栏中输入“3”秒，单击【确定】按钮完成设置。

图 5.5 【棋盘】动画设置对话框

步骤 3：设置幻灯片的切换方案，放映时隐藏幻灯片

选中第 3 张幻灯片，单击【切换】选项卡【切换到此幻灯片】组的下拉按钮，在弹出的下拉列表中选择“溶解”方案，如图 5.6 所示。单击任务窗格右上角的关闭按钮，将其关闭。

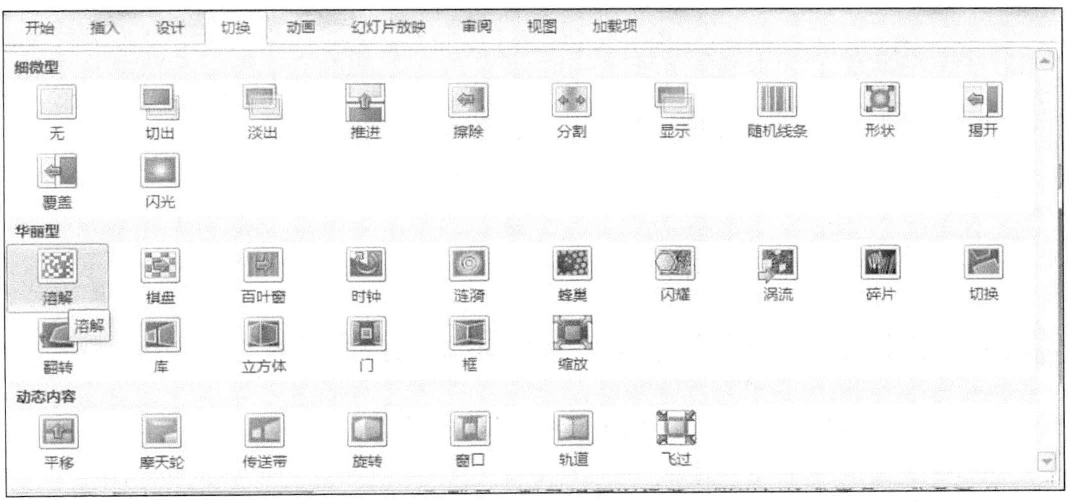

图 5.6 【切换到此幻灯片】下拉列表

在幻灯片视图中，右键单击第 4 张幻灯片，在弹出的快捷菜单中单击【隐藏幻灯片】，如图 5.7 所示。或者单击【幻灯片放映】选项卡【设置】组的【隐藏幻灯片】按钮，即在放映时隐藏第 4 张幻灯片。

步骤 4：更改幻灯片版式，添加图片，设置超链接

选中第 5 张幻灯片，单击【开始】选项卡【幻灯片】组的【版式】按钮，在弹出的下拉列表中选择“两栏内容”版式，将其应用到幻灯片上，如图 5.8 所示。

图 5.7　快捷菜单

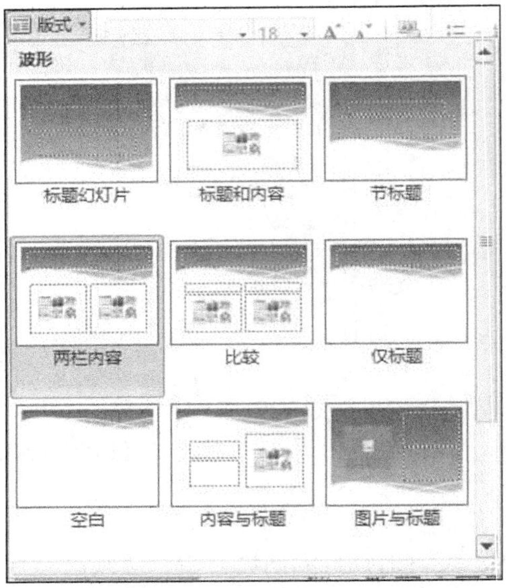

图 5.8 【版式】下拉列表

在幻灯片右边的内容框中，单击【插入来自文件的图片】按钮，弹出【插入图片】对话框，浏览选中 Pt501.jpg，单击【插入】按钮，将图片添加到幻灯片上。

单击选中图片，单击【插入】选项卡【链接】组的【超链接】按钮。弹出【插入超链接】对话框，在【链接到】栏中单击选中“本文档中的位置”选项，在【请选择文档中的位置】栏中单击选中“1.常用的操作系统简介”，单击【确定】按钮完成超链接的设置。

步骤 5：保存

单击快速访问工具栏上的【保存】按钮，保存文档。

【项目 5.2】设置第 26 届世界大运会演示文稿

打开演示文稿第 26 届世界大运会.pptx，完成如下操作。

1. 把所有幻灯片的背景填充为“粉色面巾纸”纹理，并对第 1 张幻灯片的文本“口号、会徽和吉祥物”设置超级链接，使放映时单击它时可以链接到第 3 张幻灯片上。

2. 将第 3 张幻灯片右下方的吉祥物图片设置为自定义动画的“百叶窗、垂直、中速”进入效果。

3. 将第 1 张幻灯片中项目符号的大小改为 150%字高，颜色改为蓝色（按 RGB 值为 0，0，255 自定义）。

4. 在演示文稿末添加“标题和内容”版式幻灯片，标题区输入：“奖牌统计”，图表区导入 Excel 工作簿 pt502.xlsx 中的“奖牌统计”工作表，选择 C1:E1 以及 C3:E3 区域的数据建立分离型饼图图表，图表的其他设置取默认值。

5. 完成后直接保存。

步骤 1：设置幻灯片的背景填充，设置超链接

单击【设计】选项卡【背景】组的【背景样式】按钮，在弹出的下拉菜单中选择【设置背景格式】命令。弹出【设置背景格式】对话框，在【填充】栏中选中【图片或纹理填充】选项，如图 5.9 所示。

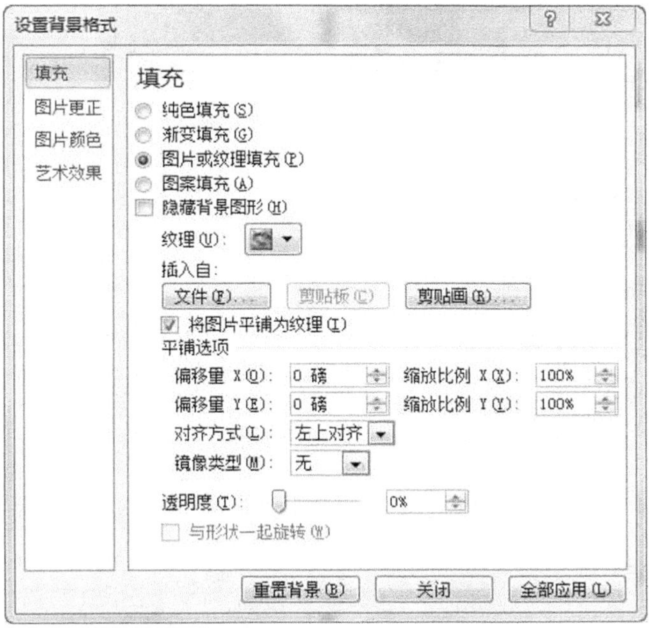

图 5.9 【设置背景格式】对话框

单击【纹理】按钮，在弹出的下拉列表中选择“粉色面巾纸”样式，如图 5.10 所示。

返回【设置背景格式】对话框后，根据题意，要应用于所有幻灯片，所以单击【全部应用】按钮，将其应用到所有幻灯片上，然后单击【关闭】按钮关闭对话框。

选中第 1 张幻灯片上的文本“口号、会徽和吉祥物”，单击【插入】选项卡【链接】组的【超链接】按钮。弹出的【插入超链接】对话框，在【链接到】栏中单击选中“本文档中的位置”选项，在【请选择文档中的位置】栏中单击选中“3. 口号、会徽和吉祥物”，单击【确定】按钮完成超链接的设置，如图 5.11 所示。

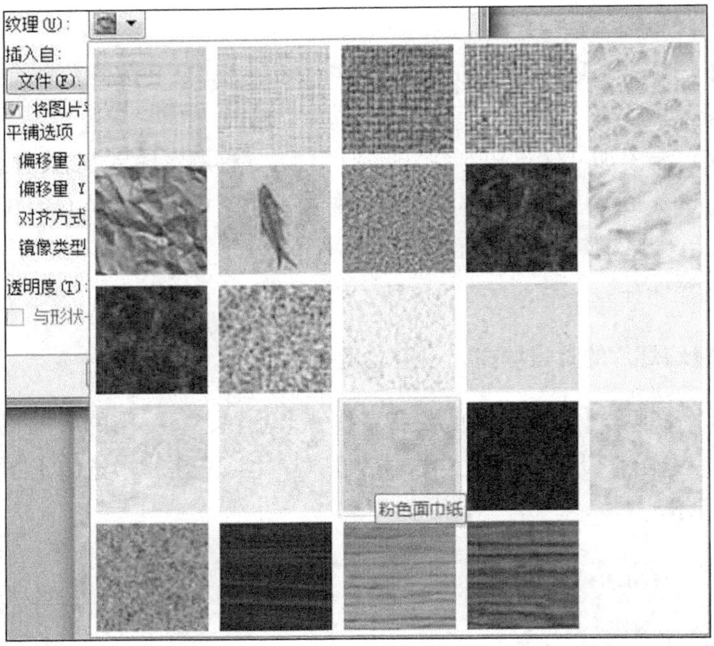

图 5.10 【纹理】下拉列表

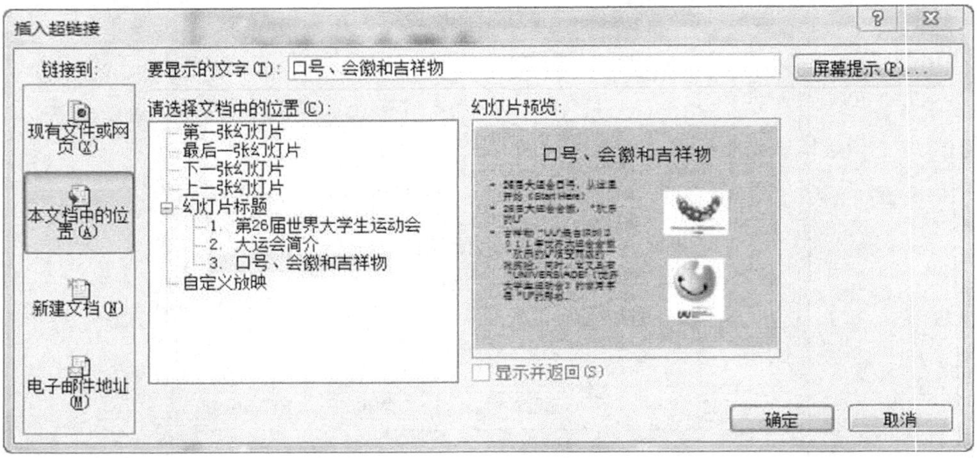

图 5.11 【插入超链接】对话框

步骤 2：设置图片的自定义动画效果

选中第 3 张幻灯片的吉祥物图片，单击【动画】选项卡【动画】组的下拉按钮，在弹出的下拉列表中选择【更多进入效果】命令，打开【更改进入效果】对话框，选择“百叶窗”的动画效果，单击【确定】按钮，如图 5.12 所示。

单击【动画】选项卡【高级动画】组的【动画窗格】按钮，打开【动画窗格】面板，“百叶窗”动画效果已经添加到【动画窗格】列表框中。根据题意，要设置在单击时，以垂直、中速进入幻灯片，因此在【动画窗格】列表框中右键单击图片对象的动画效果，在弹出的快捷菜单中选择【效果选项】命令。打开【百叶窗】对话框，单击【效果】选项卡，在【方向】栏中设置方式为“垂直”，如图 5.13 所示。

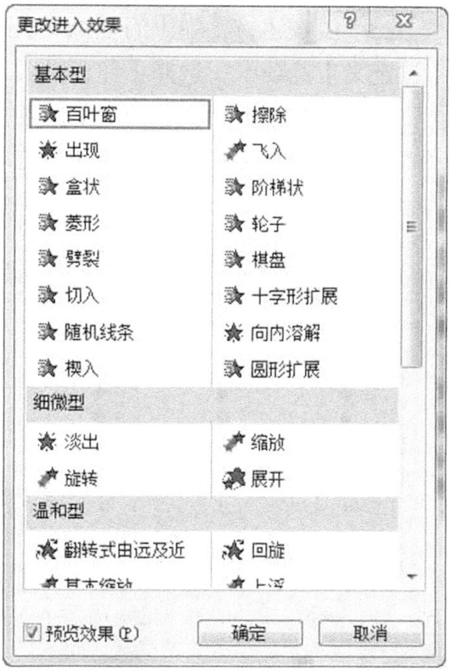

图 5.12 【更改进入效果】对话框

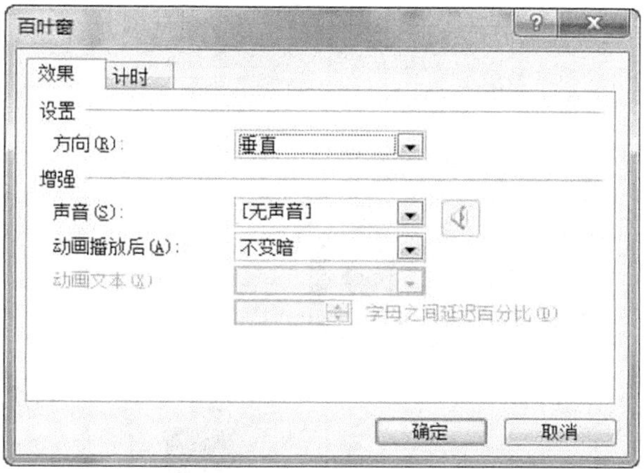

图 5.13 【百叶窗】效果设置对话框

单击【计时】选项卡，在【开始】栏中设置“单击时”，在【期间】栏中设置“中速（2 秒）”，如图 5.14 所示。

图 5.14 【百叶窗】计时设置对话框

步骤 3：设置幻灯片上的项目符号

选中第 1 张幻灯片项目符号所在的文本，单击【开始】选项卡【段落】组中【项目符号】的下拉按钮，在弹出的下拉列表中选择【项目符号和编号】命令。弹出【项目符号和编号】对话框，在【大小】栏中输入“150”。单击【颜色】栏上的下拉按钮，在弹出的下拉列表中选择“其他颜色”选项，弹出【颜色】对话框，选择【自定义】选项卡，选择【颜色模式】栏中的内容为“RGB”，分别在【红色】、【绿色】、【蓝色】栏中输入数值 0、0、255，如图 5.15 所示，单击【确定】按钮。返回【项目符号和编号】对话框，如图 5.16 所示，单击【确定】按钮，完成设置。

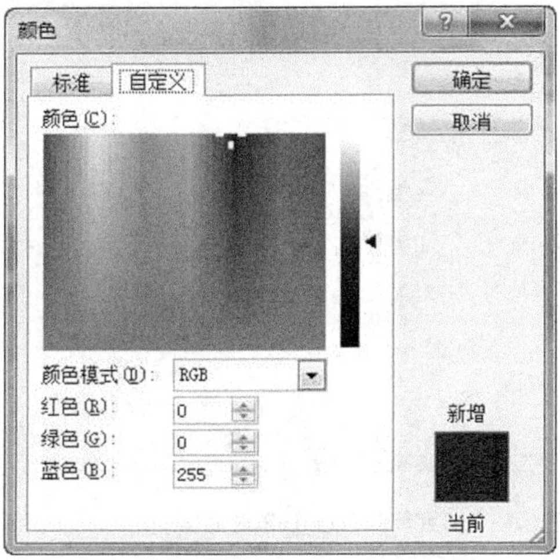

图 5.15 【颜色】对话框

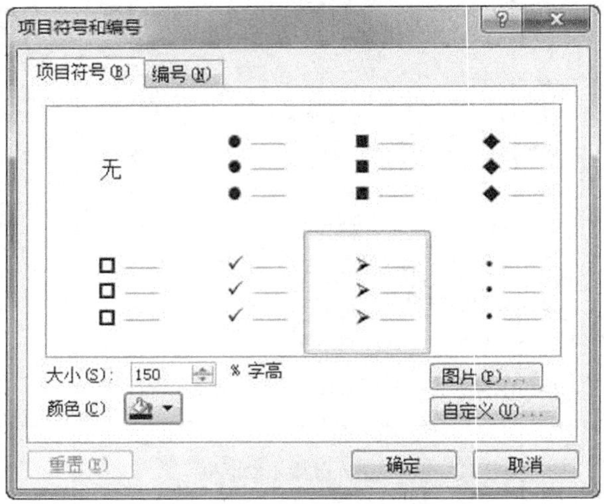

图 5.16 【项目符号和编号】对话框

步骤 4：导入 Excel 文件，在幻灯片中生成图表

将鼠标定位在第 3 张幻灯片之后，单击【开始】选项卡【幻灯片】组中的【新建幻灯片】按钮，在弹出的下拉列表中选择“标题和内容”版式，即添加第 4 张幻灯片，版式为“标题和内容”。

在幻灯片的标题占位符里输入相应的标题文本，单击幻灯片内容框里的“插入图表”按钮，弹出【插入图表】对话框，选择所需要的分离型饼图，单击【确定】按钮，如图 5.17 所示。

幻灯片中即生成相应类型的图表，同时弹出“Microsoft PowerPoint 中的图表”的 Excel 窗口，窗口中显示的是样本数据表。根据题意要导入 Excel 工作簿 pt502.xlsx 中的“奖牌统计”工作表，选择 C1:E1 以及 C3:E3 区域的数据建立图表，所以这里需要打开 pt502.xlsx 中的“奖牌统计”工作表，选择 C1:E1 以及 C3:E3 区域的数据复制，将其粘贴到“Microsoft PowerPoint 中的图表”的 Excel 窗口中，然后单击 PowerPoint 文档【图表工具-格式】选项卡【数据】组的【切换行/列】按钮，最后将 pt502.xlsx 窗口关闭，依据数据表中的数据而生成的图表即显示在幻灯片中，如图 5.18 和图 5.19 所示。

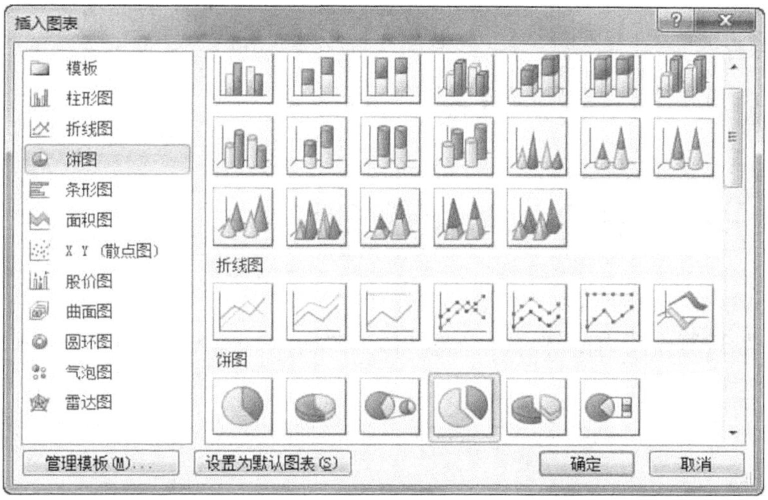

图 5.17 【插入图表】对话框

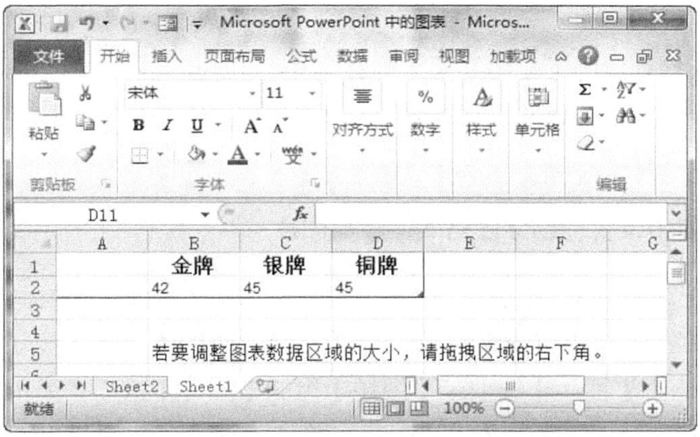

图 5.18 替换了数据的“Microsoft PowerPoint 中的图表”的 Excel 窗口

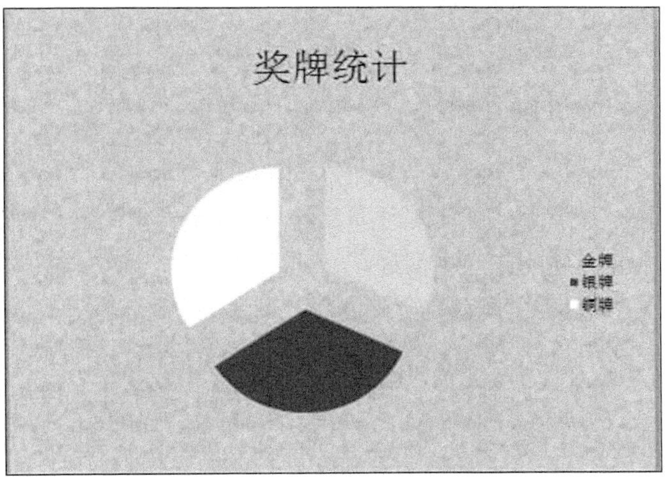

图 5.19 生成的图表

步骤 5：保存

单击快速访问工具栏上的【保存】按钮，保存文档。

【项目 5.3】设置神舟六号演示文稿

打开演示文稿神舟六号.pptx，完成如下操作。

1. 通过母版设置使所有幻灯片的标题字体为“楷体”、字号“48”，所有幻灯片的左上角显示 Pt503.jpg 图片。

2. 在幻灯片母版的日期区插入可自动更新的当前日期（格式为 YYYY-MM-DD），在数字区插入幻灯片编号。

3. 将所有幻灯片放映时的切换方式设置为“形状、菱形”，每隔 3 秒自动换页。

4. 进入幻灯片配色方案，设置背景色为蓝色（按 RGB 值为 0、0、255 自定义），并应用于所有幻灯片。

5. 在最后一张幻灯片的下端中间插入声音文件 Pt504.mid（放映时自动播放），在该幻灯片的右下角添加“开始动作按钮”，使放映时单击它即可返回第 1 张幻灯片。

6. 完成后直接保存。

步骤 1：在母版中设置标题字体格式，添加图片

单击【视图】选项卡【母版视图】组的【幻灯片母版】按钮，切换到幻灯片母版编辑模式下，选中标题占位符，单击【开始】选项卡【字体】组的【字体】按钮，设置字体为“楷体”，字号“48”。单击【插入】选项卡【图像】组的【图片】按钮，弹出【插入图片】对话框，浏览到 Pt503.jpg 所在位置，选中该图片，单击【插入】按钮，将图片添加到母版，将其调整到幻灯片左上角，如图 5.20 所示。设置完成后，单击【幻灯片母版】选项卡【关闭】组的【关闭母版视图】按钮，切换到幻灯片模式下，将母版中的效果都应用到了演示文稿中的幻灯片里。

步骤 2：在母版中添加日期和编号

单击【视图】选项卡【母版视图】组的【幻灯片母版】按钮，切换到幻灯片母版编辑模式下，单击【插入】选项卡【文本】组的【页眉和页脚】命令，弹出【页眉和页脚】对话框。选择【幻灯片】选项卡，勾取“日期和时间”选项，并选中“自动更新”选项，在其下拉列表框内选择“YYYY-MM-DD”格式。在对话框中勾选“幻灯片编号”选项，单击【全部应用】按钮完成设置，如图 5.21 所示。设置完成后，单击【幻灯片母版】选项卡【关闭】组的【关闭母版视图】按钮，切换到幻灯片模式下，将母版中的效果都应用到了演示文稿中的幻灯片里。

图 5.20　幻灯片母版视图

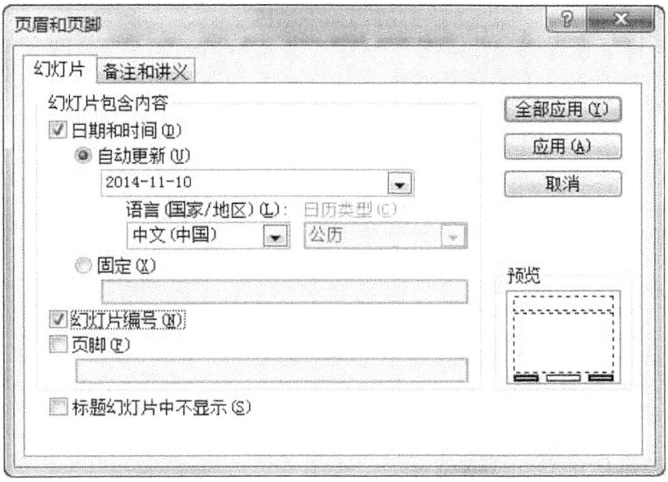

图 5.21 【页眉和页脚】对话框

步骤 3：设置幻灯片的切换效果

单击【切换】选项卡【切换到此幻灯片】组的下拉按钮，在弹出的下拉列表中选择“形状”，如图 5.22 所示。单击【切换】选项卡【切换到此幻灯片】组的【效果选项】按钮，在弹出的下拉列表中选择“菱形”，如图 5.23 所示。

在【切换】选项卡【计时】组的【换片方式】栏中取消【单击鼠标时】的勾选，勾选【设置自动换片时间】选项，设置时间为 3 秒，单击【全部应用】按钮完成设置，如图 5.24 所示。

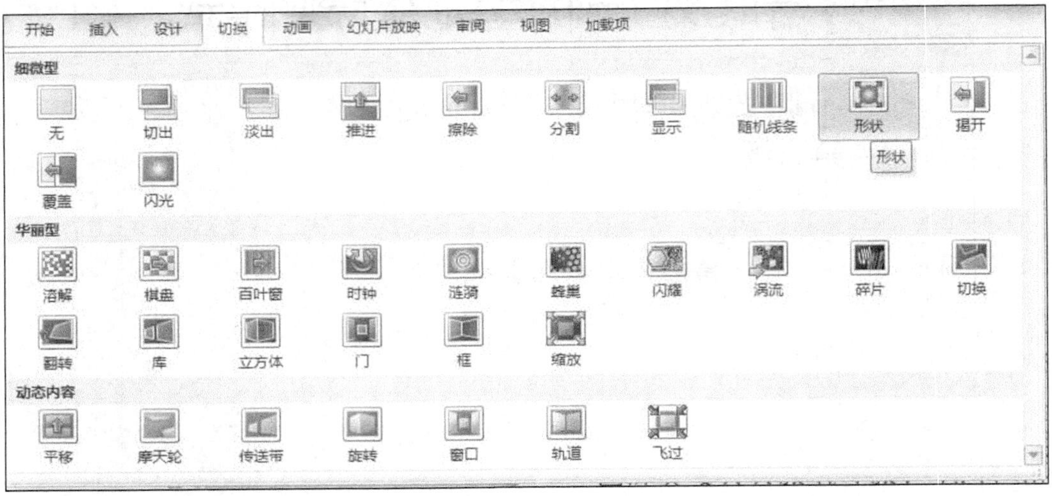

图 5.22 【切换到此幻灯片】下拉列表

图 5.23 【效果选项】下拉列表

图 5.24 【计时】组

步骤 4：设置幻灯片的背景颜色

单击【设计】选项卡【背景】组的【背景样式】按钮，在弹出的下拉菜单上选择【设置背景格式】命令，弹出【设置背景格式】对话框。在【填充】栏中选择【纯色填充】选项，单击【颜色】栏上的下拉按钮，在弹出的下拉列表中选择“其他颜色”选项，弹出【颜色】对话框，选择【自定义】选项卡，选择【颜色模式】栏中的内容为“RGB”，分别在【红色】、【绿色】、【蓝色】栏中输入数值 0、0、255，如图 5.25 所示，单击【确定】按钮。返回【设置背景格式】对话框，如图 5.26 所示，单击【全部应用】按钮，将其应用到所有幻灯片上。单击【关闭】按钮，关闭对话框，完成设置。

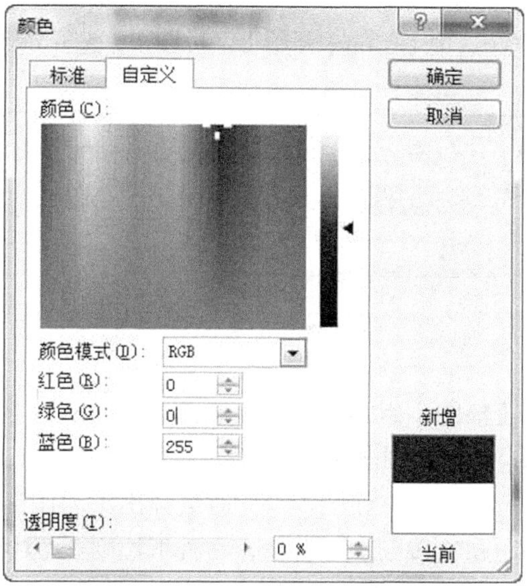

图 5.25 【颜色】对话框

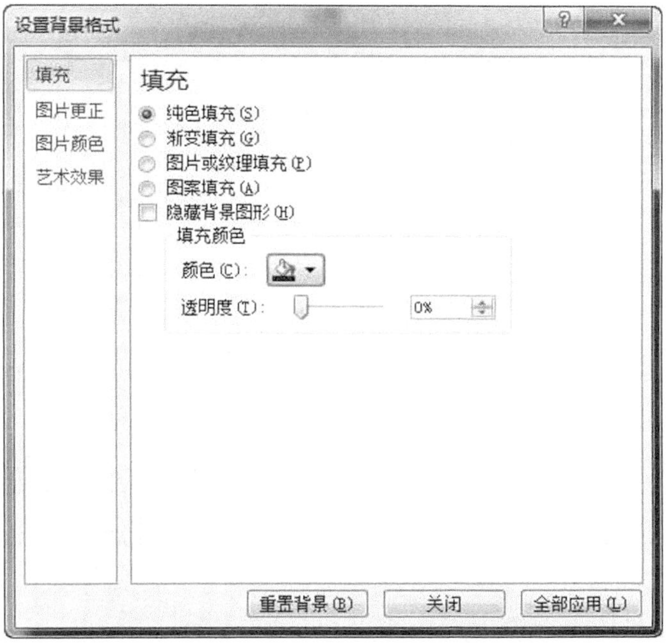

图 5.26 【设置背景格式】对话框

步骤 5：在幻灯片中添加声音，设置动作按钮实现跳转

选中第 4 张幻灯片，单击【插入】选项卡【媒体】组的【音频】按钮，在弹出的下拉菜单中选择【文件中的音频】命令。弹出【插入声音】对话框，浏览到 Pt504.mid 所在的位置，选中该文件，单击【插入】按钮，在幻灯片中即出现喇叭图标。根据题意，要自动播放，这里单击【音频工具—播放】选项卡【音频选项】组的【开始】下拉按钮，选择“自动”，如图 5.27 所示。

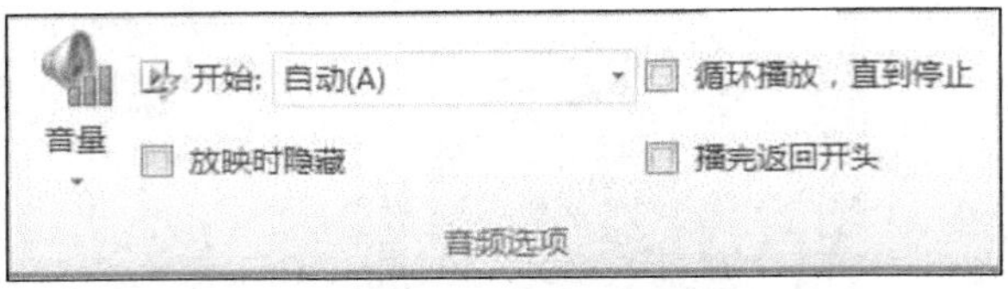

图 5.27 【音频选项】组

单击【插入】选项卡【插图】组的【形状】按钮，在弹出的下拉列表中选择最后一排的动作按钮，如图 5.28 所示。这里单击选择“开始”动作按钮，鼠标指针呈现十字形。在幻灯片右下角的位置拖曳鼠标形成一个按钮图形。此时会弹出【动作设置】对话框，选择【单击鼠标】选项卡，单击选中【超链接到】单选框，在其下拉列表框中选择“第一张幻灯片”选项，单击【确定】按钮完成设置，如图 5.29 所示。

图 5.28 动作按钮列表

图 5.29 【动作设置】对话框

步骤 6：保存

单击快速访问工具栏上的【保存】按钮，保存文档。

实训小结

本章主要通过 3 个实训项目，运用 Power Point 2010 制作电子演示文稿，在演示文稿中通过应用各媒体对象，应用动画效果、设置背景、设计主题来美化演示文稿，通过创建超级链接、设置放映方式来控制演示文稿的放映。

操作习题

1. 打开演示文稿 pt501.pptx，按下列要求完成对此文稿的修饰并保存。

（1）在演示文稿头部插入一张新幻灯片作为第 1 张幻灯片，所选取的版式为“仅标题”。

（2）在第 1 张幻灯片标题处输入“全国计算机等级考试”。字体属性设置为“宋体、加粗、48 磅”，对齐方式为居中对齐。

（3）将第 4 张幻灯片移动到第 2 张幻灯片之前，主标题设置为“楷体_GB2312”“44 磅”。将第 3 张幻灯片的版式更改为“垂直排列标题与文本”。

（4）使用“跋涉”主题修饰全文。

（5）将幻灯片的页面页脚设置为幻灯片编号，日期和时间自动更新，格式为“XXXX 年 X 月 X 日”，页脚内容为“等级考试”。

（6）全文幻灯片切换方式为“溶解”，换页方式为“单击鼠标换页”。

2. 打开演示文稿 pt502.pptx，按下列要求完成操作并保存。

（1）第 1 张幻灯片文本“4.学生奖励和助学项目”上设置超级链接，播放时单击它即可链接到第 5 张幻灯片上；并将所有幻灯片的背景设置为“白色大理石”纹理的填充效果。

（2）在幻灯片母版中的日期区域插入日期“2009-6-13”，并将母版标题样式设为“黑体”、字号“40”，“黄色”（按 RGB 值为 255、255、0 自定义）；将标志图片 newhouse.bmp 插入母版的右上角。

（3）在演示文稿末添加“标题和内容”版式幻灯片（成为第 7 张幻灯片），在标题框中输入“教育规模统计图表”，在图表框中插入 Excel 工作簿 Pt01.xlsx 的“教育规模统计表”工作表，选择 A3:B8 区域的数据建立三维簇状柱形图图表，图表的其他设置取默认值。

3. 打开演示文稿 pt503.pptx，按下列要求完成操作并保存。

（1）选择设计主题中的“龙腾四海”应用到所有幻灯片；并在第 1 张幻灯片文本“2.信息技术”上设置超级链接，播放时单击它即可链接到第 3 张幻灯片上。

（2）在演示文稿末添加“标题和内容”版式幻灯片（成为第 5 张幻灯片），在标题框中输入“2007 年高技术产品进出口统计图表”，在图表框中插入 Excel 工作簿 Pt01.xlsx 的“高技术进出口统计表”工作表，选择 A2:D7 区域的数据建立三维簇状柱形图图表，图表的其他设置取默认值。

（3）将所有幻灯片的切换方式设置为“推进”“自左侧”，每隔 5 秒自动换页播放。

4. 打开演示文稿 pt504.pptx，按下列要求完成对此文稿的修饰并保存。

（1）在第 1 张“标题幻灯片”中，主标题设置为：“Tahoma”，“80 磅”，“倾斜”。

（2）将第 1 张幻灯片副标题样式设置为“楷体_GB2312”，“36 磅”，“倾斜”。标题全设置成蓝色。

（3）将第 1 张幻灯片的副标题动画设置为“飞入”，“自底部”，背景纹理设置为“画布”。

（4）对文稿中最后一张幻灯片进行设置：标题键入“《泰坦尼克号》女主角”，字体大小为“54 磅”。

（5）将最后一张幻灯片移动到文稿的第 2 张幻灯片之前。

（6）全文幻灯片的切换效果设置为“垂直百叶窗”。

5. 打开演示文稿 pt505.pptx，按下列要求完成对此文稿的修饰并保存。

（1）将第 1 张幻灯片的版式更改为“标题幻灯片”。

（2）将第 2 张幻灯片与第 3 张幻灯片调换位置。

（3）将全文幻灯片的页眉和页脚设置为“自动更新日期和时间”，为幻灯片添加编号、输入页脚内容为“PowerPoint 视图说明”。

（4）将全文幻灯片的背景预设颜色设置为“金色年华”，“水平”。

（5）放映类型设置为“在展台浏览（全屏幕）”。

（6）将全文幻灯片切换效果设置为“垂直百叶窗”。

6. 打开演示文稿 ex604.pptx，按下列要求完成操作并保存。

（1）将第一张幻灯片标题字体设为黑体、字号 36、标题在单击幻灯片之前以“百叶窗”动画效果进入幻灯片。

（2）进入应用设计主题，选择“波形”并应用于所有幻灯片。

（3）在演示文稿末添加“标题和内容”版式幻灯片（称为第 4 张幻灯片），标题为“粉末取用操作情况统计”。输入 Excel 工作簿 Operr.xlsx 的“粉末取用操作情况统计”工作表数据，建立饼图图表，图表的其他设置取默认值。

（4）在第 2 张幻灯片文本“（1）固体粉末的取用”上设置超级链接，放映时单击它即可链接到第 4 张幻灯片上。

7. 打开演示文稿 pt507.pptx，按下列要求完成操作并保存。

（1）在演示文稿末插入版式为“仅标题”新幻灯片（成为第 5 张幻灯片），在标题处输入“病菌侵入肺示意图”，在标题下方按照 600%的大小插入病菌侵入肺.jpg 的图片。

（2）在第 1 张幻灯片“示意图”文本上设置超级链接，放映时单击它即可链接到标题为“病菌侵入肺示意图”幻灯片。

（3）在幻灯片母版中，将标题样式字体设为“黑体”，字号“32”，在母版日期区中添加日期“2009-6-25”，将 Pt.jpg 图片插入母版标题区的右上角。

（4）选择以自定义 RGB（155，0，255）为背景的方案，并应用于所有幻灯片。

8. 打开演示文稿 pt508.pptx，按下列要求完成操作并保存。

（1）将第 1 张幻灯片的版式改为“标题和竖排文字”。

（2）设置以蓝色 RGB（0，0，255）为背景的方案，应用于所有幻灯片。

（3）在幻灯片母版中，将母版标题样式字体设为“隶书”，字号“40”，在日期区域插入日期“2007-1-6”。

（4）在第 1 张幻灯片中插入声音文件 Pt.mid，选择自动播放，将出现的声音图符放在左上角。

9. 打开演示文稿 ex608.pptx，按下列要求完成操作并保存。

（1）在演示文稿末添加“标题和内容”版式幻灯片（成为第 4 张幻灯片），标题为“实验操作正确率（%）”。输入 Excel 工作簿 Operr.xlsx 的“实验操作正确率（%）”工作表数据，建立折线图图表，图表的其他设置取默认值。

（2）将标志图片 Pt.jpg 插入母版的右上角，并在该图片上建立超级链接，放映时单击它即可链接到幻灯片“实验操作正确率（%）”上。

（3）在第 4 张幻灯片的标题“实验操作正确率（%）”上建立超级链接，放映时单击它即可链接到 Operr.xlsx。

（4）设置背景色为蓝色 RGB（0，0，255），并应用于所有幻灯片。

10. 打开演示文稿 pt510.pptx，按下列要求完成操作并保存。

（1）将第 1 张幻灯片版式改为“标题和内容”，并将标题字体设为“黑体”，字号“50”。

（2）选择“流畅”主题并应用于所有幻灯片，为每张幻灯片添加编号。

（3）将所有幻灯片的切换方式设置为“随机线条”；在母版幻灯片中，将奥运图片.jpg 插入母版标题区的右上角。

（4）在最后一张幻灯片右下角的动作按钮中添加文字“返回”，字体不限，并为此按钮设置超级链接到第 1 张幻灯片。

参考文献

【1】教育部考试中心. 全国计算机等级考试一级教程——计算机基础及 MS Office 应用（2015 年版）. 北京：高等教育出版社，2015.

【2】郭健，陈少英，黄朝阳. 大学计算机基础教程. 北京：清华大学出版社，2012.